广联达 柏慕 **强强联合** **凝结BIM实训精华**

Revit

机电应用实训教程

黄亚斌　王全杰　杨　勇　主编

化学工业出版社
·北京·

本书共分为 4 章内容：项目准备、模型搭建、施工图出图、BIM 审图，全面介绍了给排水模型、消火栓模型、喷淋模型、通风模型、采暖模型、电气专业照明系统、电气专业插座系统、电气专业消防系统的绘制，水、暖、电专业的出图方法及步骤，以及审图过程的检查。以一个典型的、完整的实际工程为案例，从模型的创建和模型的应用两部分展开，以任务为导向，并将完成任务的过程按照"任务—任务说明—任务分析—任务实施—任务总结"作为整体学习的主线，借助 Revit 软件，让学生在完成每一步任务的同时，有效掌握每一个任务的步骤和内容。

本书可以作为建筑设计师、建筑工程管理及相关专业和三维设计爱好者的自学用书，也可作为各大院校建筑专业教材，社会培训机构也可以选作培训用书。

图书在版编目（CIP）数据

Revit 机电应用实训教程 / 黄亚斌，王全杰，杨勇主编 . —北京：化学工业出版社，2015.11（2022.2 重印）
 ISBN 978-7-122-25294-4

Ⅰ.①R… Ⅱ.①黄… ②王… ③杨… Ⅲ.①机械设计－计算机辅助设计－应用软件 Ⅳ.① TH122

中国版本图书馆 CIP 数据核字（2015）第 236219 号

责任编辑：吕佳丽　　　　　　　　　　　　　　装帧设计：张　辉
责任校对：王素芹

出版发行：化学工业出版社（北京市东城区青年湖南街 13 号　邮政编码 100011）
印　　装：北京虎彩文化传播有限公司
787mm×1092 mm　1/16　印张 11　字数　千字　2022 年 2 月北京第 1 版第 6 次印刷

购书咨询：010-64518888（传真：010-64519686）　　售后服务：010-64518899
网　　址：http://www.cip.com.cn
凡购买本书，如有缺损质量问题，本社销售中心负责调换。

定　　价：68.00 元　　　　　　　　　　　　　　　　　版权所有　违者必究

编写人员名单

主　编　黄亚斌　北京柏慕进业工程咨询有限公司

　　　　王全杰　广联达软件股份有限公司

　　　　杨　勇　四川建筑职业技术学院

副主编　楚仲国　广联达软件股份有限公司

　　　　吕　朋　北京柏慕进业工程咨询有限公司

　　　　汪　萌　北京柏慕进业工程咨询有限公司

参　编　（排名不分先后）

　　　　应春颖　广联达软件股份有限公司

　　　　陈国荣　广联达软件股份有限公司

　　　　田　瑾　广联达软件股份有限公司

　　　　潘丹平　宁波易比木信息咨询有限公司

　　　　刘丽梅　广联达软件股份有限公司

　　　　谢　军　广联达软件股份有限公司

编审委员会名单

主 任　赵　彬　重庆大学

　　　　　高　杨　广联达软件股份有限公司

副主任　叶　雯　广州番禺职业技术学院

　　　　　杨文生　北京交通职业技术学院

　　　　　杨　勇　四川建筑职业技术学院

委 员（排名不分先后）

　　　　　赵　彬　重庆大学

　　　　　高　杨　广联达软件股份有限公司

　　　　　叶　雯　广州番禺职业技术学院

　　　　　杨文生　北京交通职业技术学院

　　　　　杨　勇　四川建筑职业技术学院

　　　　　赵　冬　广东工程职业技术学院

　　　　　姚　运　成都理工大学工程技术学院

　　　　　傅　梦　福建农林大学 - 交通与土木工程学院

　　　　　蒙　宣　广西城市建设学校

　　　　　周业梅　武汉城市职业学院

　　　　　武　强　陕西工业职业技术学院

　　　　　蒋建林　宁波大学

　　　　　金志辉　云南经济管理学院

　　　　　付鹏飞　海南科技职业学院

　　　　　金志辉　云南经济管理学院

　　　　　赵学红　新疆生产建设兵团第六师五家渠职业技术学校

　　　　　何夕平　安徽建筑大学

前 言

一、本书出版的背景

当前我国正处于工业化和城市化的快速发展阶段，在未来 20 年具有保持 GDP 快速增长的潜力，建筑行业已经成为国民经济的支柱产业，中华人民共和国住房和城乡建设部提出了建筑业的十项新技术，其中就包括信息技术在建筑业的应用。信息化是建筑产业现代化的主要特征之一，BIM 应用作为建筑业信息化的重要组成部分，必将极大地促进建筑领域生产方式的变革。从 BIM 技术近几年来的高速发展及迅猛的推广速度可以看出，其应用与推广势必会对整个建筑行业的科技进步与转型升级产生不可估量的影响，同时也将给建筑行业的发展带来巨大的动力。尤其是在近两年来，国家及各省的 BIM 标准及相关政策相继推出，对 BIM 技术在国内的快速发展奠定了良好的环境基础。2015年 6 月由中华人民共和国住房和城乡建设部在发布的《关于推进建筑信息模型应用的指导意见》是第一个国家层面的关于 BIM 应用的指导性文件，充分肯定了 BIM 应用的重要意义。

越来越多的高校对 BIM 技术有了一定的认识并积极进行实践，尤其一些科研型院校首当其冲，但是 BIM 技术最终的目的是要在实际项目中落地应用，想要让 BIM 真正能够为建筑行业带来价值，就需要大量的 BIM 技术相关的人才。BIM 人才的建设也是建筑类院校人才培养方案改革的方向，但由于高校课改相对 BIM 的发展较慢，BIM 相关人才相对急缺，我们提出了以下解决方案：先学习 BIM 概论，认识 BIM 在项目管理全过程中的应用；然后，再结合本专业人才培养方向与核心业务能力进行 BIM 技术相关的应用能力的培养，基于 BIM 技术在建筑工程全生命期各阶段的应用，针对高校 BIM 人才培养进行能力拆分，如下页图所示。

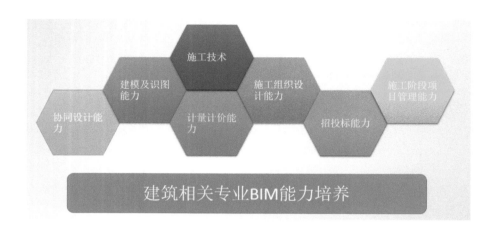

二、本系列图书的体系

对以上建筑类相关专业 BIM 能力的培养有针对性地制定了一系列的实训课程（见下表）。该系列实训课程基于一体化实训的理念，可以实现 BIM 技术在建筑工程全生命期的全过程应用，即从设计模型到下游一系列软件的应用打通。

BIM 一体化实训课程

协同设计能力	Revit 建筑应用实训教程
	Revit 机电应用实训教程
建模及识图能力	建筑识图与 BIM 建模实训教程
	BIM 实训中心建筑施工图
建筑施工技术能力	建筑工程技术实训
计量计价能力	计量计价实训
施工组织设计能力	建筑施工组织实训教程
招投标能力	工程招投标理论与综合实训
施工阶段综合应用能力	BIM5D 虚拟建造实训

本系列图书是基于目前国内主流设计阶段应用型 BIM 软件精心策划，基于一体化实训教学理念，以广联达办公大厦项目为例进行软件介绍的同时，让读者全面掌握该项目图纸及项目的基本信息，加强识图能力的同时对后续的计量计价课程、招投标课程、施工组织系列课程的学习奠定坚实的基础，方便后续课程的学习。

三、本书的内容

《Revit 机电应用实训教程》基于"教、学、做一体化，以任务为导向，以学生为中心"的课程设计理念编写，符合现代职业能力的迁移理念。本书共分为 4 章内容：项目准备、模型搭建、施工图出图、BIM 审图，全面介绍了给排水模型、消火栓模型、喷淋模型、通风模型、采暖模型、电气专业照明系统、电气专业插座系统、电气专业消防系统的绘制，水、暖、电专业的出图方法及步骤，以及审图过程的检查。以一个典型的、完整的实际工程为案例，从模型的创建和模型的应用两部分展开，以任务为导向，并将完成任务的过程按照"任务—任务说明—任务分析—任务实施—任务总结"作为整体学习的主线，借助 Revit 软件，让学生在完成每一步任务的同时，有效掌握每一个任务的步骤和内容。

本书可以作为建筑设计师、建筑工程管理及相关专业和三维设计爱好者的自学用书，也可作为各大院校建筑专业教材，社会培训机构也可以选作培训用书。

四、本书的特点

本书与其他 Revit 图书对比具有以下几个特点：

1. 本书是由广联达软件股份有限公司和北京柏慕进业工程咨询有限公司共同精心策划并开发的一套实训教程。

2. 本书可以让 Revit 零基础学员通过学习教材中的案例、标准化建模、施工图出图及与 Revit 标准化模型与广联达软件对接，实现快速算量计价，并打通了设计阶段的模型承接至下游招投标阶段及施工阶段系列软件的应用，实现了 BIM 一次建模、多次应用。

3. 在学习过程中不仅可以学习具体操作方法，还可以灵活掌握 BIM 相关建模规范。

五、本书的增值服务

读者可以根据自身情况选择学习《Revit 建筑应用实训教程》《Revit 机电应用实训教程》及配套的《办公大厦建筑工程图》《办公大厦安装施工图》，电子资料包可至 www.cipedu.com.cn，输入本书名，查询范围选"课件"下载。欢迎各位读者加入实训教学公众号，我们会及时发布本套教程的最新资讯及相关软件的最新版本信息。用微信"扫一扫"关注实训教学公众号。

为了使教材更加适合应用型人才培养的需要，我们做出了全新的尝试与探索，但限于编者的认知水平不足，疏漏及不当之处，敬请广大读者批评指正，以便及时修订与完善。同时为了大家能够更好的使用本套教材，相关应用问题可反馈至 chuzg@glodon.com.cn；以期再版时不断提高。

编者

2017 年 9 月

目 录

第 1 章

项目准备

本章主要介绍设备样板文件的设置。

1.1 任务说明

在一个项目开始前，为了保证项目的统一性，我们通常需要设置一个项目样板文件。根据本项目案例的情况，各专业间选择"链接"的方式进行协同工作。设备各专业建模选择"柏慕 1.0- 设备综合样板"为基础，进行设置和完善，成为本项目的项目样板。

1.2 任务分析

项目样板文件的制作主要包括：
（1）调整项目方向。
（2）系统族筛选和设置（包括管道类型及系统、风管类型及系统、电缆桥架类型等）。
（3）标高轴网的创建。
（4）族的载入。

1.3 任务实施

1.3.1 调整正北方向

首先单击"新建项目"选项，选择"柏慕 1.0- 设备综合样板"文件，将其另存为项目样板文件"办公大厦设备样板 .rte"，如图 1.3-1、图 1.3-2 所示。

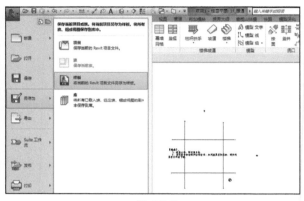

图 1.3-1   图 1.3-2

　　此办公楼的朝向为正北方向，首先需要调整为正北方向，有以下两种方法：

　　（1）方法一：单击视图控制栏中的"显示隐藏的图元" ，选择项目基点，将"到正北的角度"改为0°，如图1.3-3所示，然后取消"显示隐藏的图元"。

　　此时需将指北针重新放置，删除现有的指北针，单击"注释"＞"符号"，选择" BM_符号_指北针填充"，在平面视图上进行放置，如图1.3-4所示。

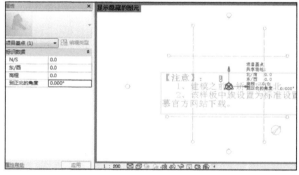

图 1.3-3   图 1.3-4

　　（2）方法二：先将楼层平面属性面板中的方向改为"正北"，此时立面图标和轴网都旋转了一定的角度，如图1.3-5所示。

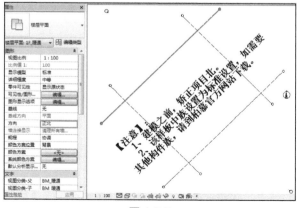

图 1.3-5

然后在"管理"面板下选择"位置"中的"旋转正北",如图 1.3-6 所示。

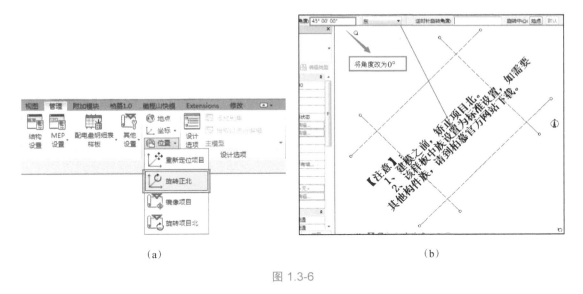

| (a) | (b) |

图 1.3-6

调完角度之后,按照方法一中的方法重新放置指北针,并且将属性面板中的"方向"改回"项目北",如图 1.3-7 所示。

1.3.2 系统族筛选和设置

(1)设置管道系统类型。

柏慕 1.0- 设备综合样板中自带了一些常用的管道系统类型,针对特定的项目,需要对其进行简单的处理,或增或减,从而匹配工程项目。

对于不需要的系统删除即可,需要增加管道系统类型时,右击某一管道系统选择"复制",然后重命名。命名原则:系统缩写 + 系统名称。图 1.3-8 是本案例中需要的管道系统。

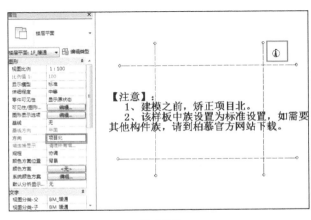

图 1.3-7

图 1.3-8

Revit 预定义 11 种管道系统分类：循环供水、循环回水、卫生设备、家用热水、家用冷水、通风孔、湿式消防系统、干式消防系统、预作用消防系统、其他消防系统和其他。可以基于预定义的 11 种系统分类来添加新的管道系统类型，如可以添加多个属于"家用冷水"分类下的管道系统类型，如图 1.3-9 所示的家用冷水和家用冷水 2 等。但不允许定义新管道系统分类，如不能自定义，添加一个"燃气供应"系统分类。添加新的管道系统类型时，要注意选择与之相匹配的系统分类。

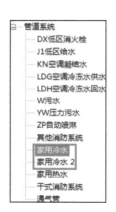

图 1.3-9

除此之外，每一种系统分类至少有一个管道系统，因此如果当前系统是该系统分类下的唯一一个系统，则该系统不能删除，软件会自动弹出一个如图 1.3-10 所示的错误报告。

图 1.3-10

系统创建完成之后需要对其做一些设置，如材质、系统缩写以及图形替换等。柏慕设备材质库设置了一些常用系统的材质，大家可以加载柏慕设备材质库，直接选择即可，如图 1.3-11 和图 1.3-12 所示。

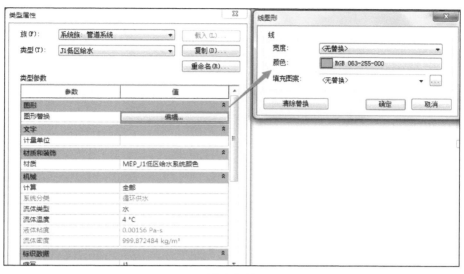

图 1.3-11

（2）设置风管系统类型。

风管系统的创建与设置可参照水管系统，内容和方法基本一致，如图 1.3-13 和图 1.3-14 所示。

（3）设置管道类型。

不同的管道系统对应不同的管道类型，管道类型的命名原则：系统名称＋管道材质。

在确定管道类型之前要通过"设计说明"确定三重信息：管道所属系统、管道材质及管道连接方式。管道系统及管道材质信息直接反映在管道类型名称上，而连接方式则影响管道布管系统配置，不同的连接方式相应的管件也会有所不同，如承插连接和焊接。

图 1.3-12

管道类型的相关信息要从设计说明中获得，如图 1.3-15 和图 1.3-16 所示。特征不同，相应的类型也不同，如图 1.3-17 所示。

确定管道类型之后，要对相应的管件进行设置。管件需要根据管道材质的不同复制不同的类型，以便后期统计不同材质的管件长度。添加类型时，右击某一类型选择"复制"即可，如图 1.3-18 所示。

设置完成之后，结果如图 1.3-19 所示。

管件设置完成之后，需要对每个管道类型的内部配置进行设置。双击"J 给水 _PPR 管"，打开"布管系统配置"，选择对应的管件，将给水管中的管件全部改为类型为"PPR 管"的管件，如图 1.3-20 所示。

图 1.3-13

图 1.3-14

给水立管及出户干管均选用衬塑钢管（产品符合CJ/T 183—2003的要求），衬塑管耐压为1.60MPa。管道采用丝扣连接，给水分层给水支管管材采用PP—R管S5系列，热熔连接 管材最小厚度参照05S1—258页，主立管阀门采用专用阀门

图 1.3-15

空调水管≤DN50采用镀锌钢管丝扣连接，管径>DN50普通焊管焊接连接，冷凝水管采用镀锌钢管丝扣连接。

图 1.3-16

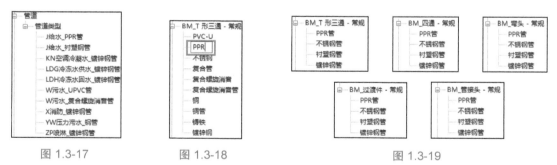

图 1.3-17   图 1.3-18   图 1.3-19

按照上述方法，将其他管道类型"布管系统配置"都进行相应的设置。

注意

除排水以外，其他系统管件均使用"常规"管件，如需要替换其他管件，方法同上。

（4）设置风管类型。

风管有矩形、圆形及椭圆形之分。创建风管类型的时候首先要确定风管的形状，然后在该形状风管下根据材质创建不同的类型。创建及设置方法与管道类型相同，如图1.3-21所示。

图 1.3-20

风管类型确定之后，同样要对其布管系统配置做相应的调整。与管道类型设置一样，首先根据材质添加新的类型，如图 1.3-22 所示。风管管件类型确定之后，要对风管类型的布管系统配置进行修改，如图 1.3-23 所示。

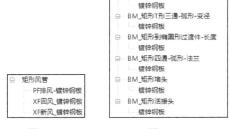

图 1.3-21　　　　　　图 1.3-22

图 1.3-23

1.3.3 构件族整理

项目开始前，要整理项目中需要的族，并将准备好的设备族载入到样板文件中，在"插入"面板中选择"载入族"，选择设备族文件中所有的设备族并载入，如图 1.3-24 所示。

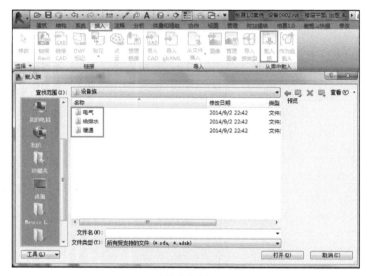

图 1.3-24

1.3.4 标高轴网

标高轴网的创建需要与建筑结构模型的标高轴网相匹配。要求两套模型的标高一致和轴网位置一致。因此，设备模型在创建标高轴网的时候需要链接建筑结构模型，然后拾取其标高和轴网，确保位置不变。

单击"插入" > "链接 RVT"，选择我们需要链接的建筑模型，"定位"要选择"原点到原点"，如图 1.3-25 所示。

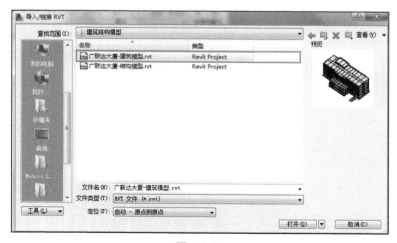

图 1.3-25

链接过后，进入立面视图，单击"建筑">"基准">"标高"命令，如图 1.3-26 所示。

图 1.3-26

点击拾取线，依次拾取"标高"，完成标高，如图 1.3-27 所示。

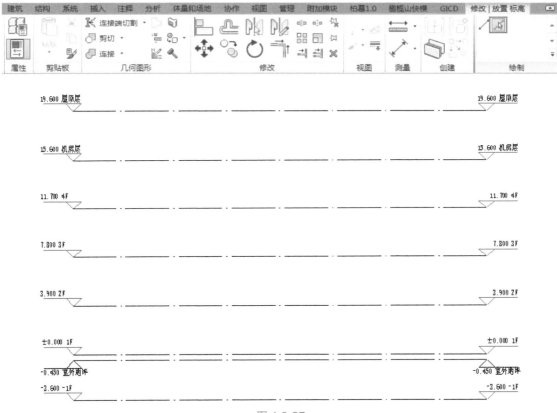

图 1.3-27

切换到平面视图，单击"建筑">"基准">"轴网"，依次拾取链接文件中的轴网，如图 1.3-28 所示，轴网创建完毕之后将其锁定。1 ~ 11 号轴网间距分别为：4800、4800、4800、7200、7200、7200、4800、4800、1900、2900。A ~ E 号轴网间距分别为：7200、6000、2400、6900。

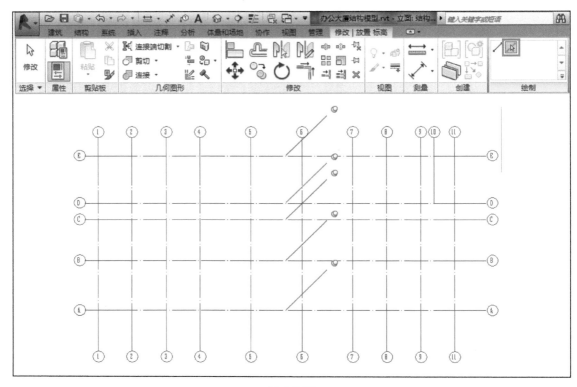

图 1.3-28

2.1 水专业——给排水模型

2.1.1 任务说明

按照办公大厦安装施工图，选择相应的给排水系统、给排水管道的类型，添加阀门等管路附件。掌握管道、立管的绘制方法，完成管道坡度的设置和绘制。最后完成整个给排水系统模型的绘制。

2.1.2 任务分析

（1）给水管道和排水管道的管道类型的选择。
（2）管道的绘制。
（3）立管的画法。
（4）管道坡度的设置及绘制。
（5）截止阀等管道附件的添加。

2.1.3 任务实施

2.1.3.1 绘制给水管

（1）"B1F_给排水及消防"给水部分的绘制。
① 新建项目。

打开 Revit 软件，单击"应用程序菜单"下拉按钮，选择"新建">"项目"，弹出"新建项目"对话框，"浏览"选择"办公大厦设备样板 .rte"单击"确定"按钮。如图 2.1-1 所示。

图 2.1-1

② 保存文件。

单击"应用程序菜单"下拉按钮，选择"另存为—项目"，将名称改为"办公大厦—水"。

③ 导入 CAD 图纸。

进入"B1F_给排水及消防"视图，单击"插入"选项卡下的"导入"面板中的"导入 CAD"，单击打开"导入 CAD 格式"对话框，选择"地下一层给排水及消防平面图"DWG 文件，具体设置如图 2.1-2 所示。

图 2.1-2

导入之后，将 CAD 底图与项目轴网对齐，然后锁定 CAD 底图。

在属性面板中选择"可见性/图形替换（快捷键 VV）"，在"可见性/图形替换"对话框中"注释类别"选项卡下，取消勾选"轴网"，在"导入的类别"选项卡下，勾选"–1F.dwg"后的"半色调"，然后单击"确定"按钮，设置半色调后，CAD 灰色显示，绘制的管道高亮显示。如图 2.1-3 所示。

注意

隐藏轴网的目的在于使绘图区域更加清晰，便于绘图。勾选导入 CAD 图的半色调的目的是为了区分 CAD 底图和绘制的管道。

④ 给水管道的绘制。

单击"系统"选项卡下的"卫浴和管道"面板中"管道"工具，或使用快捷键 PI，如

图 2.1-4 所示。打开"放置管道"上下文选项卡，如图 2.1-5 所示。

选择管道类型为"J 给水 - 不锈钢管"，系统类型为"J1 低区给水"，直径为"70"，偏移量为"–1200"。绘制如图 2.1-6 所示的给水管道。

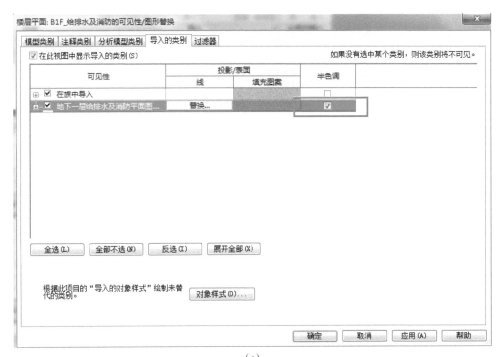

(c)

图 2.1-3

图 2.1-4

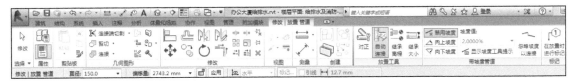

图 2.1-5

注意

如绘制完成后管道无法显示，并弹出一个警告，如图 2.1-7 所示。

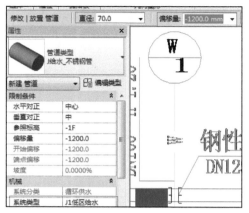

图 2.1-6

图 2.1-7

需要调整视图范围，在属性栏下找到"视图范围"，单击"编辑"按钮，把"顶"的偏移量改为 4000，"视图深度"的偏移量改为 –2000，单击"确定"按钮，如图 2.1-8 所示。

图 2.1-8

显示出之前所绘制的管道，如图 2.1-9、图 2.1-10 所示。
用同样方法绘制如图 2.1-11 所示的横管。

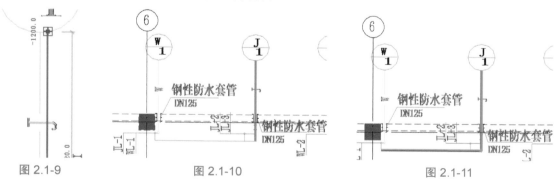

图 2.1-9　　　　　　　图 2.1-10　　　　　　　图 2.1-11

绘制完成后如图 2.1-12 所示。

接下来连接上述所画的两根不同高度的管道，使用"修剪/延伸为角"命令 ，连接两根管道，如图 2.1-13 所示。

图 2.1-12   图 2.1-13

绘制如图 2.1-14 所示的三根立管，由如图 2.1-15 所示的系统图可以知道三根立管的管径。

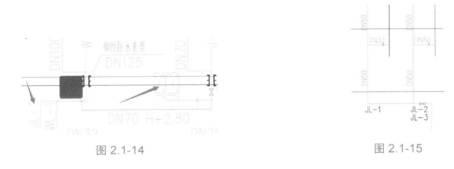

图 2.1-14   图 2.1-15

（2）绘制 JL1 立管。

管道设置直径为"50"，偏移量为"2800"，在 JL1 立管位置单击鼠标左键，然后把偏移量改为"4000"，单击偏移量后的"应用"两次，就会生成一段立管。如图 2.1-16 所示。

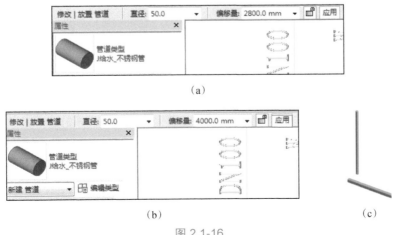

（a）

（b）   （c）

图 2.1-16

相同方法绘制 JL2、JL3 两根立管，如图 2.1-17 所示。

用同样方法绘制 –1F 给水管道剩下的部分，结果如图 2.1-18 所示。图中红框位置水平管道和立管连接稍做调整。

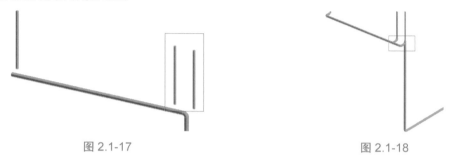

图 2.1-17 图 2.1-18

（3）添加截止阀。

添加如图 2.1-19 所示的截止阀。

单击"系统"选项卡下"卫浴和管道"面板中"管路附件"工具，如图 2.1-20 所示。

图 2.1-19 图 2.1-20

选择如图 2.1-21 所示的截止阀。

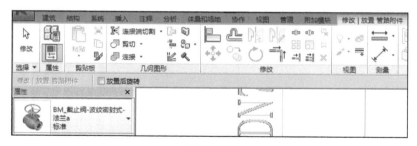

图 2.1-21

把截止阀放置到给水管道上，如图 2.1-22 所示。

至此完成"B1F_ 给排水及消防"楼层的给水管道绘制，如图 2.1-23 所示。

图 2.1-22 图 2.1-23

（4）"1F_ 给排水及消防"给水部分绘制。

进入"1F_ 给排水及消防"视图，单击"插入"选项卡下的"导入"面板中的"导入CAD"，单击打开"导入CAD 格式"对话框，选择"卫生间 .dwg"文件，具体设置如图2.1-24 所示。

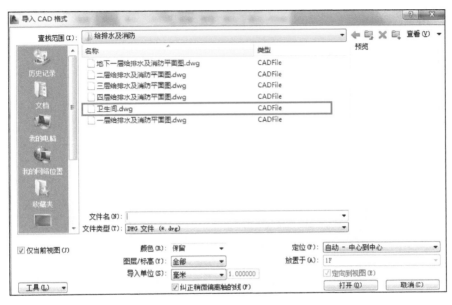

图 2.1-24

导入卫生间 CAD 底图，会发现 CAD 底图比例比项目轴网比例大，这时选中卫生间CAD 底图，点击属性栏下单击"编辑类型"，在"类型属性"对话框中把比例系数改为 0.5，单击"确定"按钮。如图 2.1-25 所示。

图 2.1-25

然后用"对齐"命令把卫生间的 CAD 底图和项目轴网对齐，对齐后，锁定 CAD 底图。

在属性面板中选择"可见性/图形替换"，在"可见性/图形替换"对话框中"注释类别"选项卡下，取消勾选"轴网"，在"导入的类别"选项卡下，勾选"卫生间"后的半色调，然后单击"确定"按钮。

然后结合"卫生间CAD底图"和如图2.1-26所示的系统图绘制"1F_给水排水及消防"层给水部分。

由如图2.1-27所示的系统图可知，给水管的立管高度到第四层3.40m的位置，所以单击"南-给排水"进入立面视图，把给水立管高度调整到第四层3.40m的位置，如图2.1-28所示。

进入"1F_给排水及消防"视图，绘制如图2.1-29所示的给水管道。由图可知，红框部分的竖向给水管道各段管径不一样，可以先选择直径为50的管径绘制，然后绘制横向的给水管道，横管和竖管连接生成三通，之后修改管道尺寸直径。

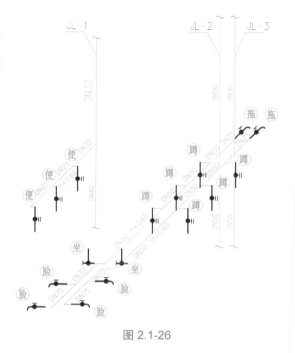

图 2.1-26

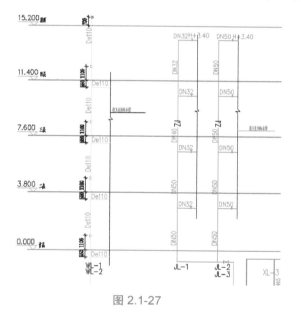

图 2.1-27

图 2.1-28

绘制过程如下：

① 绘制如图2.1-30所示的竖向给水管道。

上图红框中的弯头平面表达不对，需要修改。选择弯头，在属性栏下把"使用注释比例"的勾选取消掉，单击"应用"按钮。弯头修改完成后，会发现有一段横管的位置不对，用"对齐"命令把横管和底图横管对应上，如图2.1-31所示。

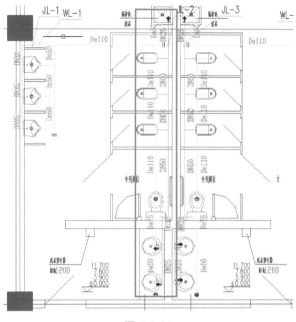

图 2.1-29

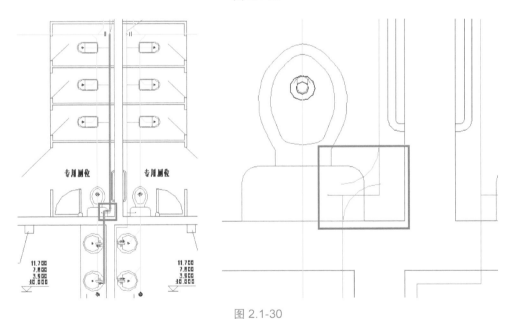

图 2.1-30

② 绘制横管，依次和竖管连接，修改每段竖管的管径。如图 2.1-32 所示。

③ 相同方法绘制"1F_给排水及消防"层余下的给水管道。如图 2.1-33 所示。

④ 添加"截止阀"，系统图如图 2.1-34 所示。

选择"截止阀"如图 2.1-35 所示。

进入"南 - 给排水"视图放置"截止阀"，放置在立管上后，调节"截止阀"的"标高"和"偏移量"，如图 2.1-36 所示。

图 2.1-31

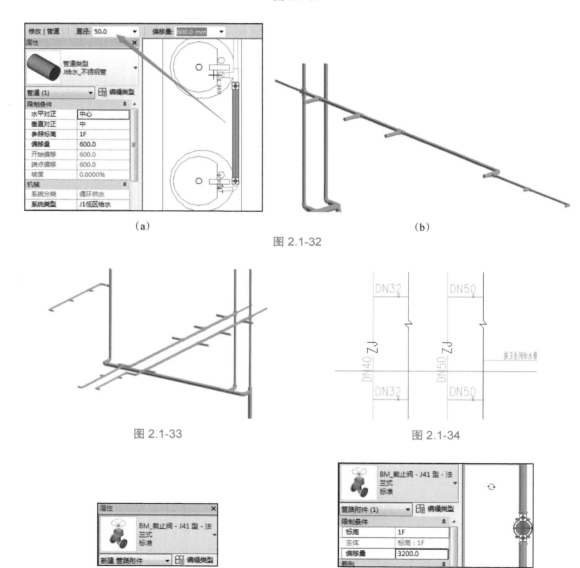

（a）

（b）

图 2.1-32

图 2.1-33

图 2.1-34

图 2.1-35

图 2.1-36

三个"截止阀"放置后如图 2.1-37 所示。

至此,"1F_给排水及消防"层的给水管道和阀门绘制完成,如图 2.1-38 所示。

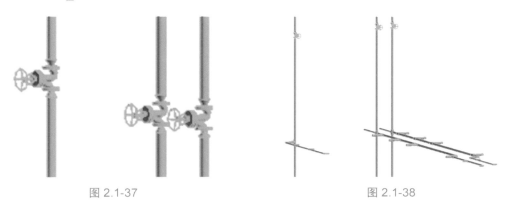

图 2.1-37   图 2.1-38

(5)"2F 到 4F"给水部分绘制。

"2F 到 4F"卫生间给水管道和"1F"的布置是相同的(图 2.1-39),所以可以复制粘贴上去。

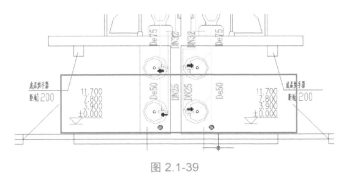

图 2.1-39

操作如下:

① 进入"三维_给排水"视图,选择一层所有给水管道(一次框选不了全部,按住 Ctrl 键,鼠标单击选择剩余部分)。如图 2.1-40 所示。

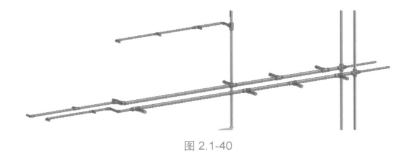

图 2.1-40

② 单击"修改"选项卡下,"剪贴板"面板中的"复制到剪贴板"工具,然后单击"粘贴"工具的下拉菜单,单击"与选定的标高对齐",弹出"选择标高",选择 2F、3F、4F,单击"确定"按钮。如图 2.1-41 所示。

图 2.1-41

③ 按照添加"1F_ 给排水及消防"层的"截止阀"的方法添加。

注意

如果用"复制到剪贴板"工具添加"截止阀",会出现如图 2.1-42 所示的问题,截止阀不能剪切给水管道。

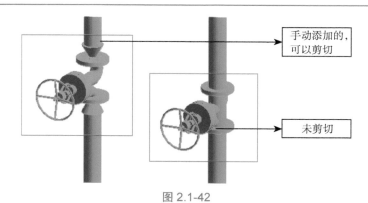

图 2.1-42

如图 2.1-43 所示,给水管道截止到四层,需要绘制一段长度为 3.4m 的横管,然后添加"截止阀"。

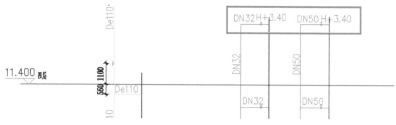

图 2.1-43

添加完成如图 2.1-44 所示。

至此完成所有给水管道的绘制，如图 2.1-45 所示，单击"保存"按钮。

（a）	（b）	

图 2.1-44　　　　　　　　　　　　　　　图 2.1-45

2.1.3.2　绘制排水管

（1）"B1F_ 给排水及消防"污水管道的绘制。

① 打开项目。

打开 Revit 软件，单击"应用程序菜单"下拉按钮，选择"打开 - 项目"，在弹出的"打开项目"对话框中浏览选择"办公大厦给排水"，单击"确定"按钮。

② 隐藏给水管道。

进入"B1F_ 给排水及消防"视图，在"楼层平面"属性面板选择"可见性 / 图形替换"，在"过滤器"选项卡下，取消"J1 低区给水系统"的"可见性"勾选（此操作目的是为了隐藏给水管道，方便污水管道的绘制）。如图 2.1-46 所示。

注意

　　此操作只能应用于当前视图，其他视图要达到相同的效果，需要重复此步操作，绘制其他视图污水管道时不再赘述。

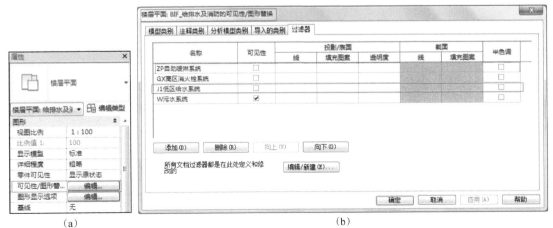

（a）	（b）

图 2.1-46

③ 添加如图 2.1-47 所示的"潜水泵"。

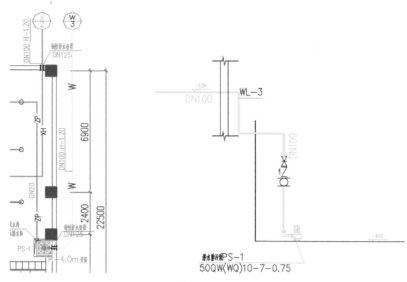

图 2.1-47

由图 2.1-47 可以知道，"潜水泵"的位置是相对于" B1F_ 给排水及消防"视图 –4m 的位置。

绘制给水管道部分的时候设置的"视图深度"为 –2m，所以需要把"B1F_ 给排水及消防"的视图深度改为 –4m。如图 2.1-48 所示。

图 2.1-48

单击"系统"选项卡下的"机械"面板中的"机械设备"工具，选择如图 2.1-49 所示的"潜水泵"。

(a)

(b)

图 2.1-49

放置在 CAD 底图相对应的位置，按"空格键"调整"潜水泵"管口的方向，然后把"潜水泵"的偏移量改成"–4000"。如图 2.1-50 所示。

④ 绘制连接"潜水泵"的污水管道。

设置如图 2.1-51 所示的污水管道，按照图 2.1-47 绘制连接"潜水泵"管道的部分。

如图 2.1-52 所示，箭头所指横管没有给定高度，可设置偏移量为"–2000"，绘制完成后如图 2.1-53 所示。

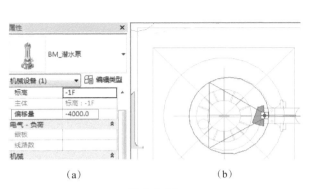

（a）　　　　　　　（b）

图 2.1-50

图 2.1-51

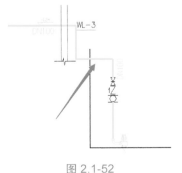

图 2.1-52

图 2.1-53

⑤ 添加"闸阀"、"止回阀"和"橡胶软接头"。

进入"南 - 给排水"视图，依次在立管中添加"橡胶软接头""止回阀"和"闸阀"。

至此完成"潜水泵"和其连接管道的绘制，如图 2.1-54 所示。

⑥ 绘制完成"B1F_ 给排水及消防"层余下污水管道。

进入"B1F_ 给排水及消防"，绘制如图 2.1-55 所示的横管及立管，立管绘制方法与给水部分的立管绘制方法相同。

绘制完成如图 2.1-56 所示。

至此完成"B1F_ 给排水及消防"污水管道的绘制，如图 2.1-57 所示。

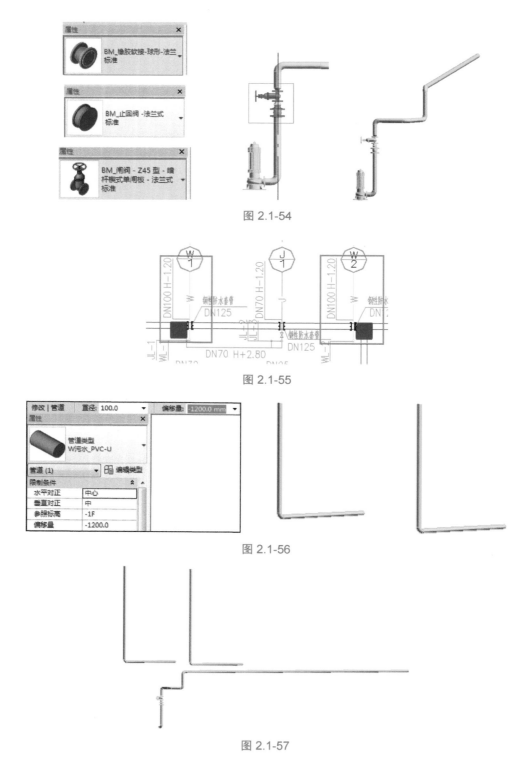

图 2.1-54

图 2.1-55

图 2.1-56

图 2.1-57

（2）"1F_ 给排水及消防"污水管道的绘制。

结合如图 2.1-58 所示的平面图及系统图，绘制"1F_ 给排水及消防"的污水管道。

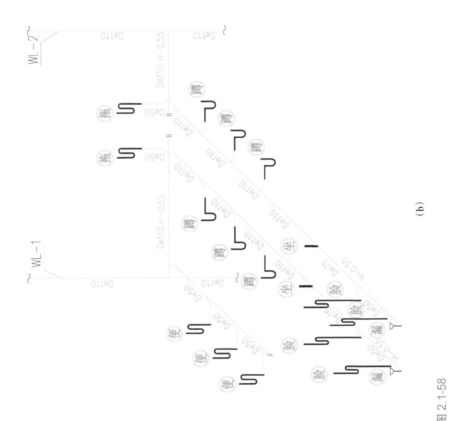

图 2.1-58

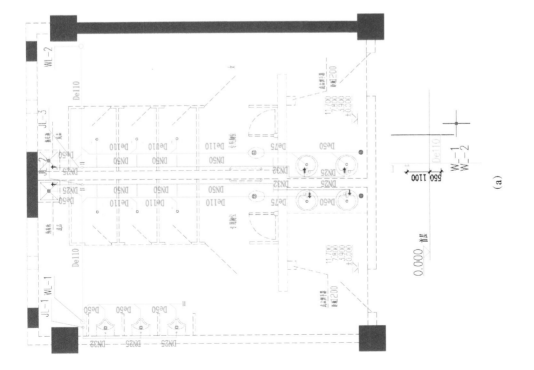

注意

　　图纸中的"De"为管道外径，选择管道的管径使用的是"DN（公称直径）"，本案例中用到管径尺寸有De110、De75、De50三个，换算成"DN（公称直径）"，分别为DN100、DN65、DN40。

　　绘制卫生间的污水管道需要设置坡度，本案例中的坡度设置为2.6%。
　　绘制步骤如下：
　　① 先绘制连接立管的横管。选择污水管道，设置管径100，偏移量 –550（此值为污水管最低点），向上坡度2.6%。如图2.1-59所示。

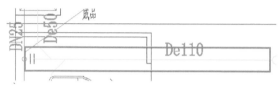

图 2.1-59

　　以立管中心为起始点，单击左键开始绘制，到如图2.1-60所示的位置再一次单击鼠标，完成绘制。

图 2.1-60

　　使用"对齐"命令，把管道和CAD底图对应上。然后横管连接立管，如果在平面上横管和立管不能连接，可采用以下方法连接：进入"南 - 给排水"视图，拖动横管起点，在立管中心显示一条垂直线时（图2.1-61），放开单击鼠标的手，然后横管和立管就会生成一个三通（图2.1-62）。

图 2.1-61

图 2.1-62

② 绘制如图 2.1-63 所示的管道，如果按照底图绘制，上下的污水管道与横管连接是会出现如图 2.1-64 所示的警告，所以上下的污水管道在与横管连接时略做调整。

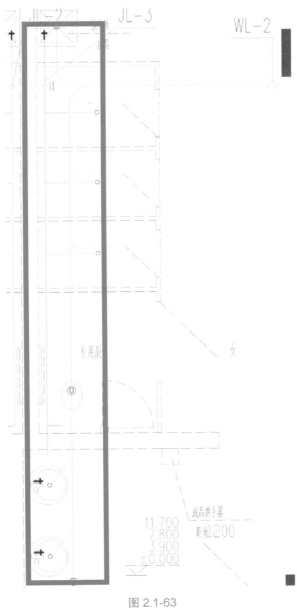

图 2.1-63

图 2.1-64

绘制下边的污水管，设置如图 2.1-65 所示，选中"继承高程"，向上坡度为 2.6%。

图 2.1-65

以横管为起点绘制污水管道，如图 2.1-66 所示。

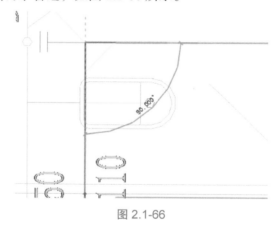

图 2.1-66

绘制完成如图 2.1-67 所示。

相同方法绘制下边污水管道的支管，用"对齐"命令，使管道与底图位置一致，支管与竖向管道连接后修改管径尺寸（图 2.1-68）。

相同方法绘制如图 2.1-69 所示的管道，管道位置略做调整。

③ 添加"堵头"。添加如图 2.1-70 所示的堵头。

④ 添加"地漏"。添加如图 2.1-71 所示的"地漏"。

在"放置构件"下的"放置"面板中选择"放置在工作面上"，在"1F_给排水及消防"视图放置好后，如果立管没有和地漏连接上，需要进入"南 - 给排水"，手动连接上。如图 2.1-72 所示。

⑤ 添加"清扫口"。添加如图 2.1-73 所示的系统的"清扫口"。

进入"南 - 给排水"视图，绘制一段直径为 100、偏移量为 1100 的水平管道，在"管路附件"中选择"清扫口"，安装在水平管道上。如图 2.1-74 所示。

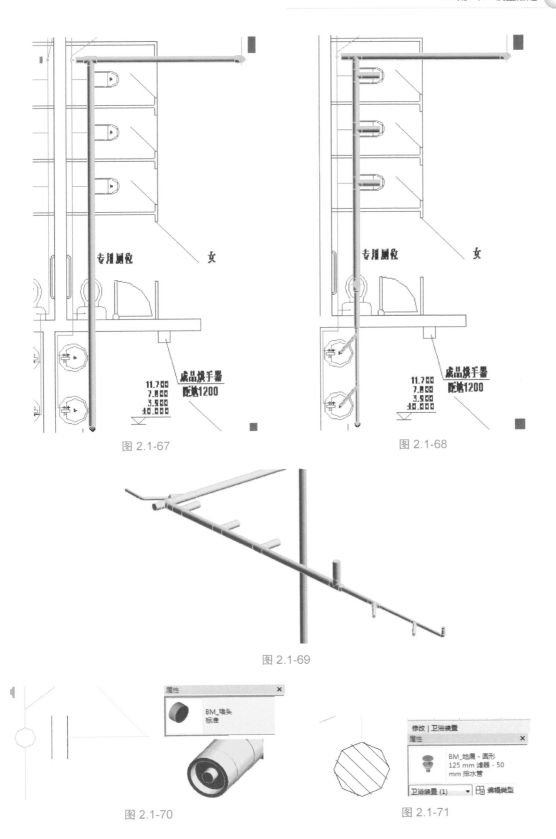

图 2.1-67　　　　　　　　　图 2.1-68

图 2.1-69

图 2.1-70　　　　　　　　　　图 2.1-71

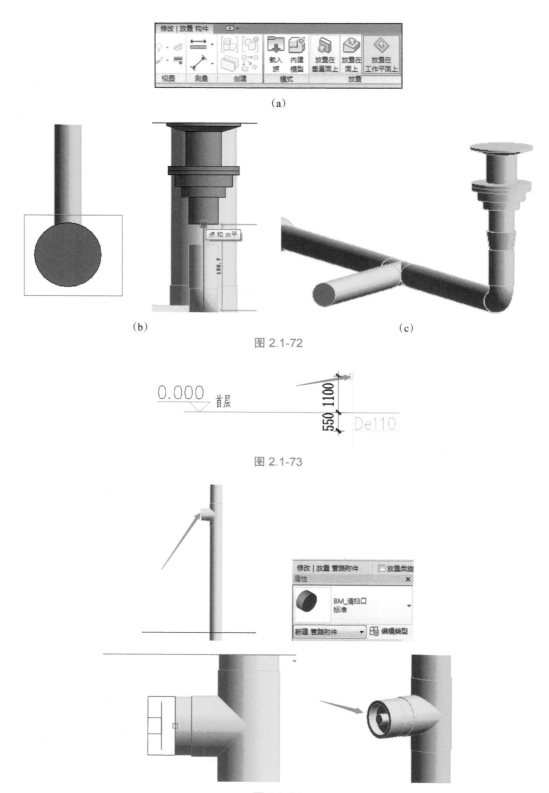

（a）

（b）   （c）

图 2.1-72

图 2.1-73

图 2.1-74

⑥ 相同方法绘制如图 2.1-75 所示的污水管道部分，如图 2.1-76 所示。

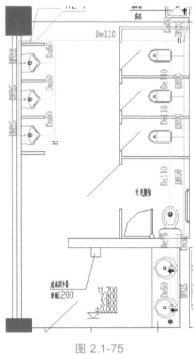

图 2.1-75

至此，完成"1F_给排水及消防"排水部分，如图 2.1-77 所示。

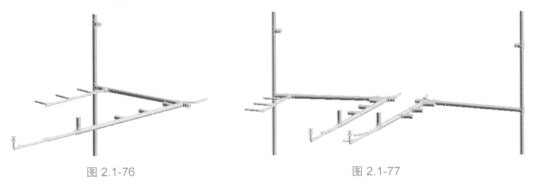

图 2.1-76　　　　　　　　　　　　　　图 2.1-77

（3）完成"2F 到 4F"排水部分。

"2F 到 4F"卫生间给水管道和"1F"的布置是相同的（图 2.1-78），所以可以复制粘贴上去。

图 2.1-78

操作如下:

① 进入"三维_给排水"视图,选择一层所有污水管道(一次框选不了全部,按住Ctrl键,鼠标单击选择剩余部分)。如图 2.1-79 所示。

图 2.1-79

② 单击"修改"选项卡下的"剪贴板"面板中的"复制到剪贴板"工具,然后单击"粘贴"工具的下拉菜单,单击"与选定的标高对齐",弹出"选择标高",选择 2F、3F、4F,单击"确定"按钮。如图 2.1-80 所示。

图 2.1-80

③ 添加如图 2.1-81 所示的屋顶"通气帽"。

图 2.1-81

进入"南-给排水"视图,把立管高度调整到高出机房层 700。如图 2.1-82 所示。选择如图 2.1-83 所示的"通气帽"。

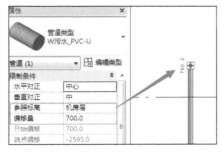

图 2.1-82

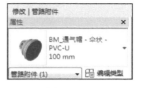

图 2.1-83

进入"三维 _ 给排水"视图,"通气帽"拾取污水管道。如图 2.1-84 所示。至此完成排水部分的绘制,如图 2.1-85 所示。如图 2.1-86 所示的给排水完整三维视图。

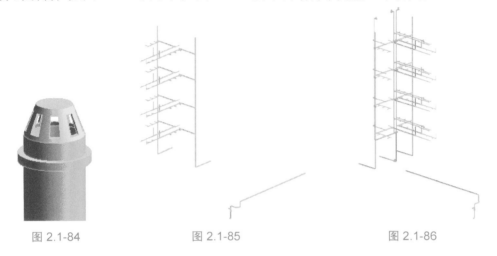

| 图 2.1-84 | 图 2.1-85 | 图 2.1-86 |

2.1.4　任务总结

（1）绘制管道时,注意管道与 CAD 底图的对位。

（2）绘制带坡度的管道时,注意选择"继承高程"和"向上坡度"。

（3）偏移量的数值是相对于当前层的相对位置关系。

（4）管道在"精细"模式下为双线显示,在"中等"和"粗略"模式下为单线显示,在绘制管道时,最好在单线模式下绘制,方便管道与 CAD 底图的对位。

2.2　水专业——消火栓模型

2.2.1　任务说明

按照办公大厦安装施工图,选择相应的消火栓系统、消火栓管道的类型,添加阀门等管路附件。掌握管道、立管的绘制方法,添加消防箱。最后完成整个消火栓系统模型的绘制。

2.2.2　任务分析

（1）管道的绘制。

（2）消火栓的放置。

（3）截止阀的放置。

（4）立管的绘制。

2.2.3　任务实施

2.2.3.1　消防管的绘制

（1）导入 CAD 图纸。进入"B1F_给排水及消防"视图，单击"插入"选项卡下的"导入"面板中的"导入 CAD"，单击打开"导入 CAD 格式"对话框，选择"地下一层给排水及消防平面图"DWG 文件，具体设置如图 2.2-1 所示。

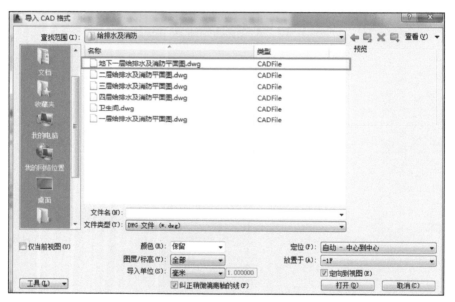

图 2.2-1

导入之后，将 CAD 底图与项目轴网对齐，然后锁定 CAD 底图。之后在属性面板中选择"可见性/图形替换"，在"可见性/图形替换"对话框中的"注释类别"选项卡下，取消勾选"轴网"，在"导入的类别"选项卡下，勾选"-1F.dwg"后的半色调，然后单击"确定"按钮。隐藏轴网的目的在于使绘图区域更加清晰，便于绘图。勾选导入 CAD 图的半色调的目的是为了区分 CAD 底图和绘制的管道，设置半色调后，CAD 灰色显示，绘制的管道高亮显示。如图 2.2-2 所示。

（2）"B1F_给排水及消防"管道的绘制。单击"系统"选项卡下的"卫浴和管道"面板中的"管道"工具，或使用快捷键 PI（图 2.2-3）。打开"放置管道"上下文选项卡（图 2.2-4）。

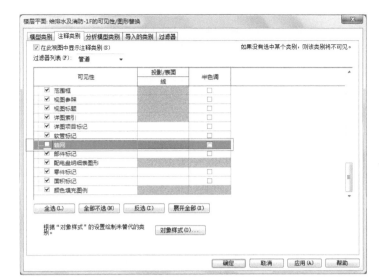

（a）　　　　　　　　　　　　　　　　　（b）

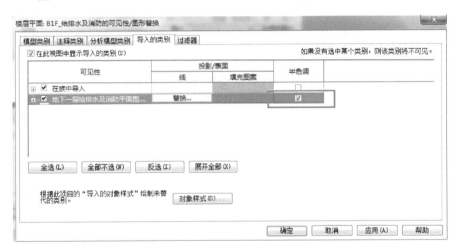

（c）

图 2.2-2

图 2.2-3

图 2.2-4

设置相应的管道类型和系统分类,选择与 CAD 底图相对应的管径和偏移量。管道类型为"X 消防 _ 镀锌钢管",系统类型为"GX 高区消火栓",直径为"100",偏移量为"−1200"(偏移量的数值是相对于当前层的相对位置关系)。绘制如图 2.2-5 所示的消防管道。

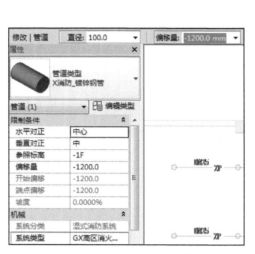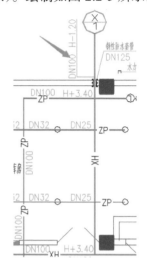

图 2.2-5

注 意

如绘制完成后管道无法显示,并弹出一个警告,如图 2.2-6 所示。

图 2.2-6

需要调整视图范围,在"楼层平面"的属性栏下找到"视图范围",单击"编辑",把"顶"的偏移量改为 4000,"视图深度"的偏移量改为 −2000。单击"确定"按钮,如图 2.2-7 所示。

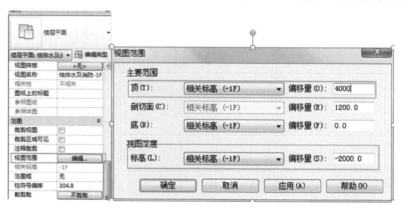

图 2.2-7

设置好"视图范围"后会显示刚才所画的管道（图 2.2-8），绘制完成的管道用对齐命令将管道与 CAD 底图对齐，如图 2.2-9 所示（选择对齐对象时要选择管道，管件不能对齐）。

注意

管道在"精细"模式下为双线显示，在"中等"和"粗略"模式下为单线显示，在绘制管道时，最好在单线模式下绘制，方便管道与 CAD 底图的对位。

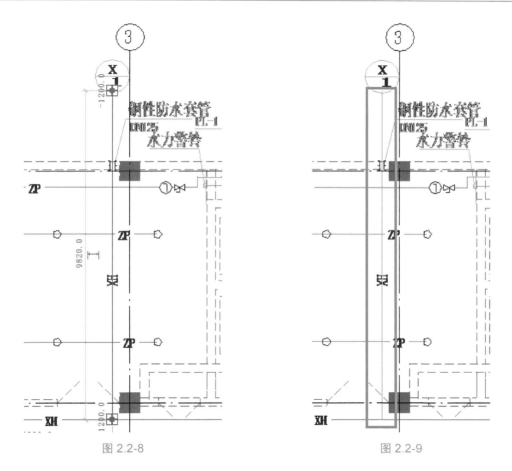

图 2.2-8　　　　　　　　　　　　　　图 2.2-9

相同的方法绘制如图 2.2-10 所示的消防管道。

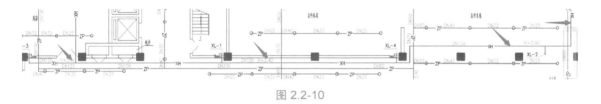

图 2.2-10

完成后如图 2.2-11 所示。

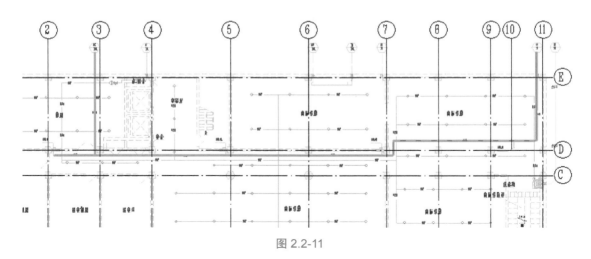

图 2.2-11

管道之间的连接方法如下：

① 使用"修剪 / 延伸为角"命令，连接两根管道。如图 2.2-12 所示。

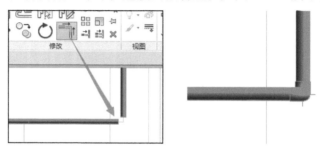

图 2.2-12

② 拖动一根管道的端点，与另一根管道相连接，会自动生成管件。如图 2.2-13 所示。

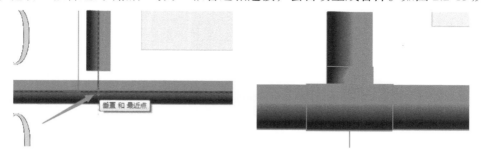

图 2.2-13

按照上述两种方法连接"B1F_给排水及消防"视图的所有管道，如图 2.2-14 所示。

2.2.3.2 "消火栓"的添加

添加如图 2.2-15 所示的"消火栓"。

注意

因为"消火栓"是基于面制作的族，在放置时，需要拾取平面。

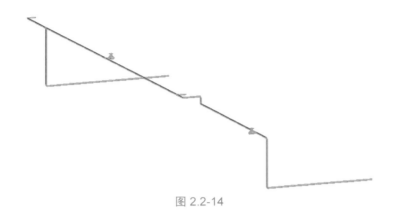

图 2.2-14

操作如下：在"XL-3"位置的墙上画一条参照平面。如图 2.2-16 所示。

图 2.2-15　　　　　　　　　　　　　　　　　　图 2.2-16

在"建筑"选项卡下的"工作平面"面板中，单击选择"设置"，会弹出"工作平面"对话框，选择"拾取一个平面"，单击"确定"按钮，然后单击上步所画的"参照平面"，弹出"转到视图"，选择"立面：南 - 给排水"，单击"确定"按钮，进入"南 - 给排水"视图。如图 2.2-17 所示。

（a）

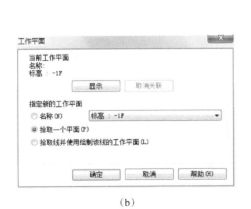

（b）

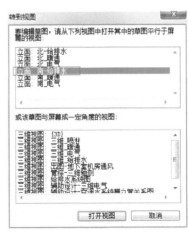

（c）

图 2.2-17

单击"系统"选项卡下的"机械设备",选择"消火栓"。在"放置机械设备"选项卡下的"放置"面板中,选择"放置在工作平面上"。如图 2.2-18 所示。

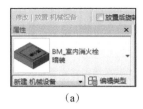

(a)

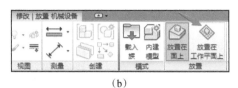

(b)

图 2.2-18

在"南 - 给排水"的立面放置"消火栓"。按"空格键"控制"消火栓"的位置。如图 2.2-19 所示。

由如图 2.2-20 所示的系统图,可以知道"消火栓"的高度为 1.1m。

选中"消火栓",会出现"消火栓"的临时尺寸,高度改成 1100。如图 2.2-21 所示。

图 2.2-19　　　　　　　　图 2.2-20　　　　　　　　图 2.2-21

进入"B1F_ 给排水及消防"视图,选中"消火栓",调节"消火栓"的平面位置。如图 2.2-22 所示。

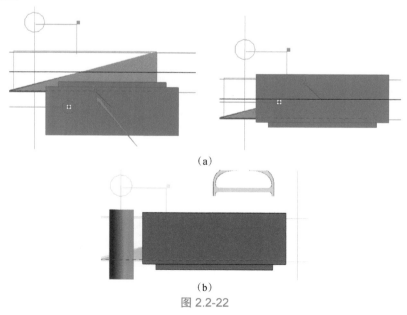

(a)

(b)

图 2.2-22

进入"南 - 给排水"视图，在"消火栓"的管道接口处绘制一段直径为 65（直径由图 2.2-20 所示的系统图给出）、200 长的管道。如图 2.2-23 所示。

根据图 2.2-20 所示的系统图绘制剩余管道并连接，完成图如图 2.2-24 所示。

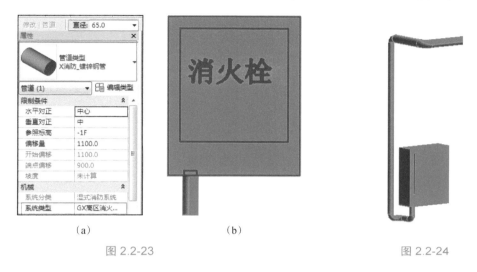

（a）　　　　　　　　　　（b）

图 2.2-23　　　　　　　　　　　　　　　　　图 2.2-24

同样的方法绘制"B1F_ 给排水及消防"剩余部分消火栓及管道。如图 2.2-25 所示。

图 2.2-25

2.2.3.3　"截止阀"的添加

添加如图 2.2-26 所示的"截止阀"。

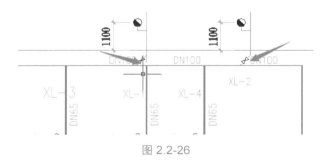

图 2.2-26

两个"截止阀"的位置分别在"XL-1"和"XL-2"的横管上。　单击"系统"选项卡下的"卫浴与管道"面板中的"管路附件"工具，如图 2.2-27 所示。

选择如图 2.2-28 所示的截止阀。

把截止阀放置到消防管道上，如图 2.2-29 所示。

图 2.2-27

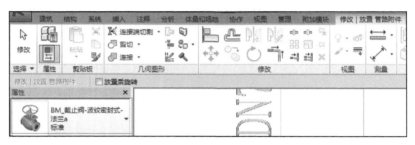

图 2.2-28

图 2.2-29

2.2.3.4　绘制立管

由如图 2.2-30 所示的系统图可知，从"B1F_给排水及消防"连接到楼上的有两根立管。

（1）绘制如图 2.2-31 所示的"XL-2"立管。

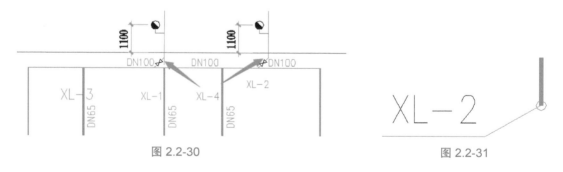

图 2.2-30　　　　　　　　　　　　　　　　　　图 2.2-31

管道设置直径为"100"，偏移量为"2800"，在"XL-2"立管位置鼠标左键单击，然后把偏移量改为"4000"，单击偏移量后的"应用"两次，就会生成一段立管。如图 2.2-32 所示。

（2）绘制如图 2.2-33 所示的"XL-1"立管。

进入"三维_给排水"视图，选中"XL-1"立管处"弯头"，会出现两个"+"，单击上边的"+"，"弯头"会变成"三通"，进入"北 - 给排水"视图，选择"三通"，右键选择

"绘制管道"，绘制一段立管。过程如图 2.2-34 所示。

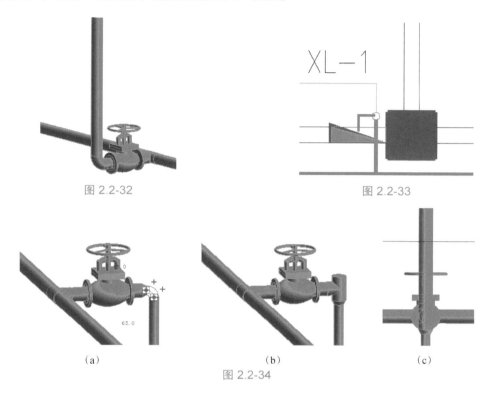

图 2.2-32　　　　　　　　　　　　　　　图 2.2-33

（a）　　　　　　　　　　　（b）　　　　　　　　　　　（c）

图 2.2-34

至此，完成"B1F_给排水及消防"视图的绘制，如图 2.2-35 所示。

图 2.2-35

进入"南 - 给排水"视图，把上述两根立管延长到"4F"的 3.4m 的高度。如图 2.2-36 所示。

2.2.3.5　"1F_给排水及消防"消火栓及管道的绘制

进入"1F_给排水及消防"视图，单击"插入"选项卡下的"导入"面板中的"导入 CAD"，单击打开"导入 CAD 格式"对话框，选择"一层给排水及消防平面图"DWG 文件，具体设置如图 2.2-37 所示。

导入之后，将 CAD 底图与项目轴网对齐，然后锁定 CAD 底图。之后在属性面板中选择"可见性 / 图形替换"，在"可见性 / 图形替换"对话框中的"注释类别"选项卡下，取消勾选"轴网"，在"导入的类别"选项卡下，勾选"1F"后的半色调，然后单击"确定"按钮。

在如图 2.2-38 所示的位置添加"消火栓"，添加方法和"B1F_给排水及消防"视图添加"消火栓"方法相同。之后，绘制管道，一端连接"消火栓"，另一端连接立管。如图 2.2-39 所示。相同方法添加如图 2.2-40 所示的"消火栓"。

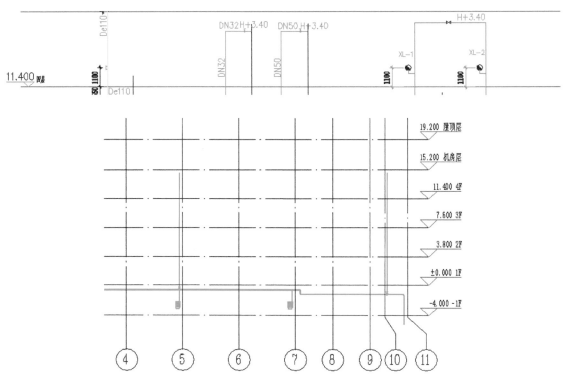

图 2.2-36

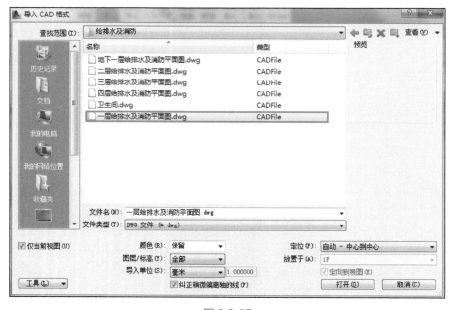

图 2.2-37

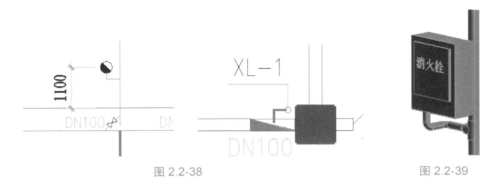

图 2.2-38　　　　　　　　　　　　　　　　　　图 2.2-39

2.2.3.6　"2F_ 给排水及消防"到"4F_ 给排水及消防"消火栓及管道的绘制

"2F_ 给排水及消防"到"4F_ 给排水及消防"的"消火栓"位置与"1F_ 给排水及消防"位置相同，可以复制粘贴上去。

操作如下：

（1）进入"三维 _ 给排水"视图，选择"1F_ 给排水及消防"的"消火栓"和管道（一次框选不了全部，按住 Ctrl 键，鼠标单击选择剩余部分）。如图 2.2-41 所示。

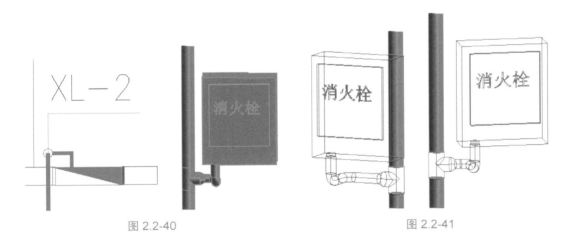

图 2.2-40　　　　　　　　　　　　　　　　　图 2.2-41

（2）单击"修改管道"选项卡下的"剪贴板"面板中的"复制到剪贴板"工具，然后单击"粘贴"工具的下拉菜单，单击"与选定的标高对齐"，弹出"选择标高"，选择 2F、3F、4F，单击"确定"按钮。如图 2.2-42 所示。

完成后如图 2.2-43 所示。

进入"4F_ 给排水及消防"视图，导入"4F"CAD 底图，底图与项目轴网对齐，然后锁定 CAD 底图。绘制并连接如图 2.2-44 所示的消防管道。

选择直径"100"，偏移量"3400"，绘制管道，具体设置如图 2.2-45 所示。

（3）添加"截止阀"。在如图 2.2-46 所示的位置添加"截止阀"。

单击"系统"选项卡下的"卫浴和管道"面板中的"管路附件"工具，如图 2.2-47 所示。选择如图 2.2-48 所示的截止阀。把截止阀放置到消防管道上，如图 2.2-49 所示。至此绘制完成"消火栓"部分，如图 2.2-50 所示。

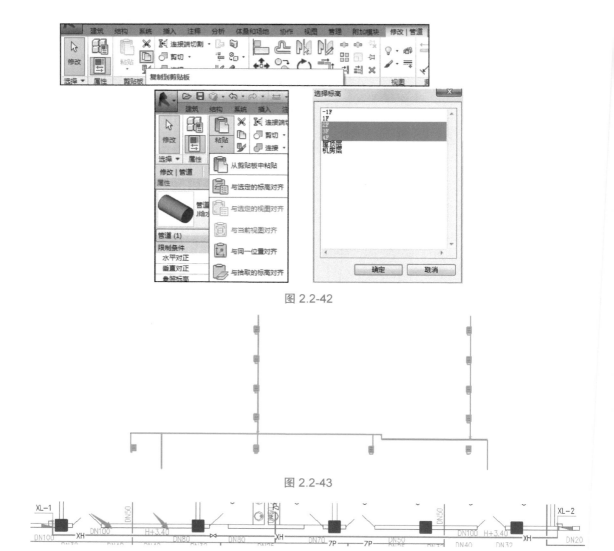

图 2.2-42

图 2.2-43

图 2.2-44

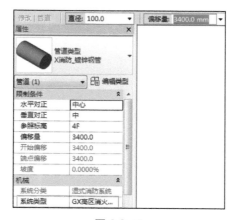

图 2.2-45

图 2.2-46

图 2.2-47

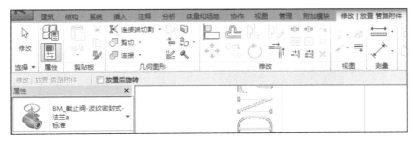

图 2.2-48

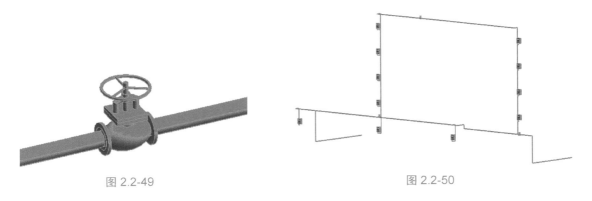

图 2.2-49　　　　　　　　　　　　　　图 2.2-50

2.2.4　任务总结

（1）注意运用空格键控制消火栓方向。

（2）绘制完最后一层水平管道，注意与立管的连接。

2.3　水专业——喷淋模型

2.3.1　任务说明

按照办公大厦安装施工图，选择相应的喷淋系统、喷淋管道的类型，添加阀门等管路附件。掌握管道、立管的绘制方法，添加喷头。最后完成整个喷淋系统模型的绘制。

2.3.2 任务分析

（1）喷淋管道的选择和创建。

（2）在 Revit 系统中三通、四通的创建。

（3）在 Revit 系统中管路附件的创建。

（4）修改命令的使用。

2.3.3 任务实施

2.3.3.1 绘制喷淋管道

导入"地下一层给排水及消防平面图 .dwg"，并按图设置，如图 2.3-1 所示。

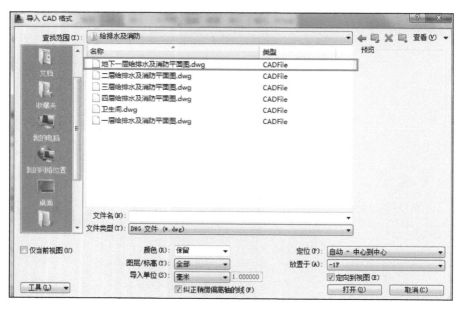

图 2.3-1

（1）在"项目浏览器"中双击进入"B1F_喷淋"楼层平面，如图 2.3-2 所示。

图 2.3-2

（2）进入"系统"选项卡，单击"卫浴和管道"面板中的"管道"工具，或输入快捷键 PI，如图 2.3-3 所示。

图 2.3-3

（3）单击"类型属性"工具，打开"类型属性"对话框，如图 2.3-4、图 2.3-5 所示。

图 2.3-4   图 2.3-5

（4）绘制管道，在"项目浏览器"中单击进入"B1F_ 喷淋"楼层平面，如图 2.3-6 所示。

（5）选择管道，修改参照标高为"–1F"，偏移量为"–1200"，管道直径为"100"（图 2.3-7），设置完成，开始绘制管道，如图 2.3-8 所示。

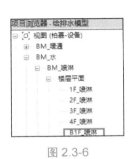

图 2.3-6

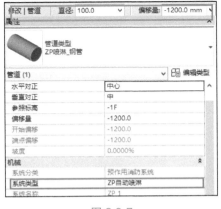

图 2.3-7

（6）继续绘制喷淋立管，在拖拽点单击鼠标右键，选择"绘制管道"命令，如图 2.3-9 所示。

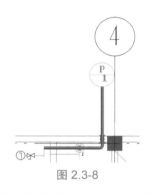

图 2.3-8

图 2.3-9

（7）更改偏移量为"3400"，单击"应用"命令后继续绘制管道。如图 2.3-10 所示。

（8）管路自动生成立管，完成后如图 2.3-11 所示。

图 2.3-10

图 2.3-11

2.3.3.2 添加管路附件

（1）在"项目浏览器"中单击进入"B1F_喷淋"楼层平面如图 2.3-12 所示。

（2）进入"系统"选项卡，单击"卫浴和管道"面板中的"管路附件"工具，如图 2.3-13 所示。

图 2.3-12

图 2.3-13

（3）打开"属性"面板，选择"BM_刚性防水套管"。设置高度为"-1F"，偏移量为"-1200"。如图 2.3-14 所示。

（4）放置如图 2.3-15 所示的位置。

（5）在"项目浏览器"中单击进入"北 - 给排水"立面，如图 2.3-16 所示。

（6）进入"系统"选项卡，单击"卫浴和管道"面板中的"管路附件"工具，如图 2.3-17 所示。

（7）打开"属性"面板，选择"BM_湿式报警阀"，设置高度为"-1F"，偏移量为"1000"。如图 2.3-18 所示。

（8）放置立管上，如图 2.3-19 所示。

（9）进入"系统"选项卡，单击"卫浴和管道"面板中的"管路附件"工具，如图 2.3-20 所示。

图 2.3-14

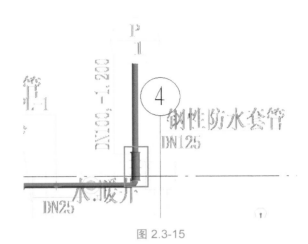

图 2.3-15

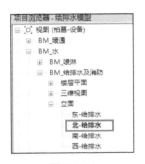

图 2.3-16

图 2.3-17

图 2.3-18

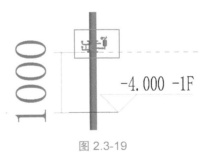

图 2.3-19

图 2.3-20

（10）打开"属性"面板，选择" BM_ 闸阀 -Z45 型"，设置高度为 " -1F "，偏移量为 "3400"。如图 2.3-21 所示。

（11）添加族，水流指示器。方法同上，放置如图 2.3-22 所示。

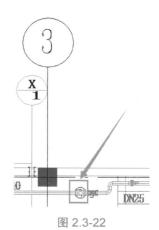

图 2.3-21

图 2.3-22

2.3.3.3 添加喷头

（1）绘制喷淋支管管道，如图 2.3-23 所示。

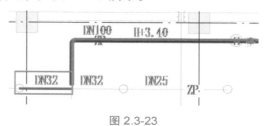

图 2.3-23

（2）进入"系统"选项卡，单击"卫浴和管道"面板中的"喷头"工具，如图 2.3-24 所示。

图 2.3-24

（3）打开"属性"面板，选择"BM_喷头-ELO型-闭式-下垂型"，设置标高为"–1F"，偏移量为"3300"，如图 2.3-25 所示。

（4）将喷头放置在管道的中心线上（图 2.3-26），喷头需要手动与管道连接。

图 2.3-25

图 2.3-26

（5）单击选择喷头，在激活的"修改 | 喷头"面板下选择"连接到"，如图 2.3-27 所示。

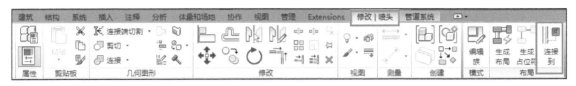

图 2.3-27

（6）然后选择要与喷头连接的管道，喷头就会连接到相应的管道。连接完成之后如图 2.3-28 所示。

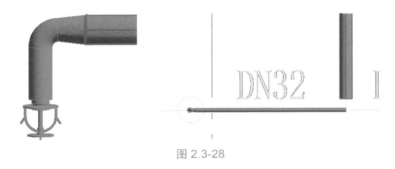

图 2.3-28

（7）选择弯头，单击"+"号，生成三通，如图 2.3-29 所示。

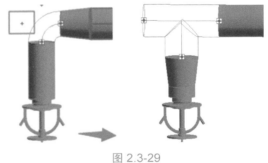

图 2.3-29

（8）修改管径为 25，继续绘制管道，如图 2.3-30 所示。

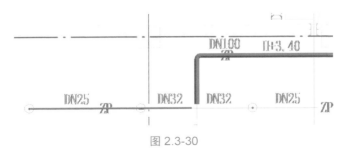

图 2.3-30

2.3.3.4 绘制其他喷淋管道

（1）选择支管，单击"修改"选项卡下的"镜像"命令（图 2.3-31），或使用快捷键

"MM",完成如图 2.3-32 所示。

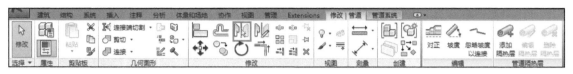

图 2.3-31

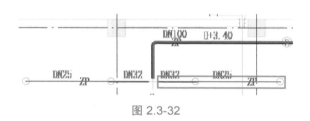

图 2.3-32

（2）单击"修改"选项卡下的"修剪"命令（图 2.3-33），或使用快捷键"TR.",连接支管，如图 2.3-34 所示。

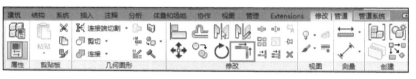

图 2.3-33

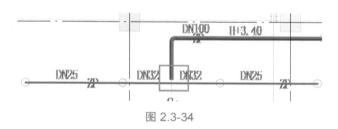

图 2.3-34

（3）选择支管，单击"修改"选项卡下的"复制"命令，或使用快捷键"CO"或者"CC"，如图 2.3-35 所示。

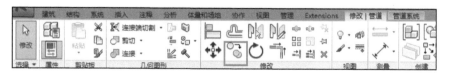

图 2.3-35

（4）复制到如图 2.3-36 所示的位置。

（5）继续绘制干管，在管道交接处自动生成四通，如图 2.3-37 所示。

（6）继续绘制，绘制方法同上，在此不做赘述。完成模型如图 2.3-38 所示。

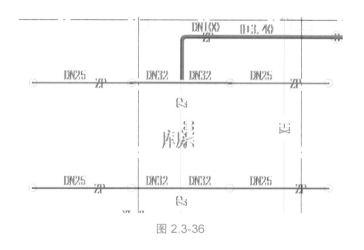

图 2.3-36

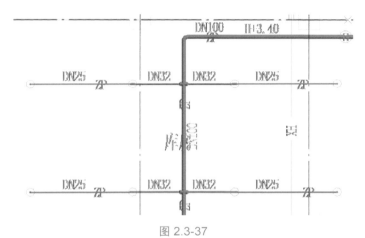

图 2.3-37

2.3.3.5　添加试水装置

（1）添加末端试水装置，如图 2.3-39 所示。

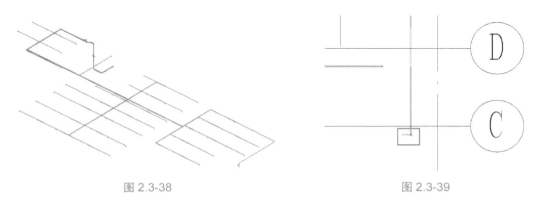

图 2.3-38　　　　　　　　　　　　　　　图 2.3-39

（2）进入"系统"选项卡，单击"卫浴和管道"面板中的"管路附件"工具。如图 2.3-40
所示。

图 2.3-40

（3）打开"属性"面板，选择"BM_末端试水装置"，调整标高为"–1F"，偏移量为"2800"，如图 2.3-41 所示。

（4）如图 2.3-42 所示放置"末端试水装置"，延长管道至末端试水装置，则管道与试水装置自动连接。

图 2.3-41

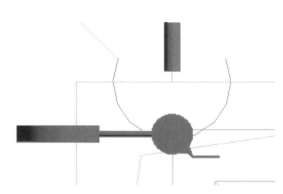

图 2.3-42

（5）完成剩余部分模型，均先绘制支管及喷头，后绘制干管（注意镜像、复制命令的运用），绘制方法同上，不再一一赘述。

（6）至此，整个地下室喷淋系统模型搭建完成，效果如图 2.3-43 所示。

2.3.3.6 绘制其他楼层

（1）单击"B1F"楼层平面的"喷淋"立管，如图 2.3-44 所示。

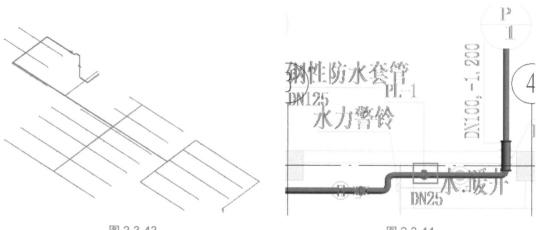

图 2.3-43

图 2.3-44

（2）绘制立管至15.200。如图2.3-45所示。

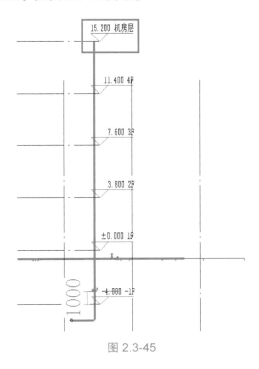

图 2.3-45

（3）继续绘制其他层喷淋系统，方法同上（注意各层与立管的连接）。全部完成后如图2.3-46所示。

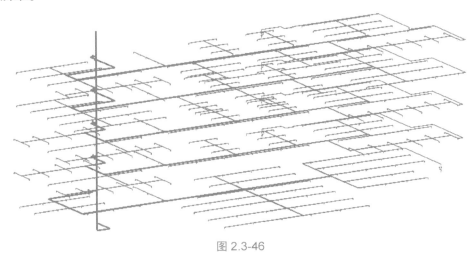

图 2.3-46

2.3.3.7 屋顶放气阀添加

（1）进入"系统"选项卡，单击"卫浴和管道"面板中的"管路附件"工具。如图2.3-47所示。

（2）打开"属性"面板，选择"BM_排气阀-自动"，放置立管顶部，如图2.3-48所示。

图 2.3-47

图 2.3-48

至此，完成喷淋系统。

2.3.4　**任务总结**

（1）放置管道时注意管径、高度的设置，平面上连接两条管道时，保证管道中心线是对齐状态。

（2）如果在项目中找不到所需族，可从外部导入文件。

（3）注意快捷键的使用，可显著提高绘图效率。

2.4　暖专业——通风模型

2.4.1　**任务说明**

按照办公大厦安装施工图，选择送风、回风系统的类型，选择送风管道和回风管道的类型，添加阀门等管路附件，掌握风管及其立管的绘制方法。最后完成整个通风系统模型的绘制。

2.4.2　**任务分析**

（1）风管系统的选择及创建。

（2）单层百叶送风口的添加方式。

（3）添加送风风机、静压箱等机械设备。

（4）添加风管附件。

（5）风道末端排烟口的添加方式。

2.4.3　**任务实施**

2.4.3.1　新建项目

（1）打开 Revit 软件，单击"应用程序菜单"下拉按钮，选择"新建项目"，在弹出的"新建项目"对话框浏览选择"办公大厦设备样板 .rte"，单击"确定"按钮。如图 2.4-1 所示。

（2）另存文件为"办公大厦 - 暖"文件。

2.4.3.2 风管设置

（1）单击"系统"选项卡下的"HVAC"面板中的"风管"工具，或使用快捷键DT，如图2.4-2所示。打开"绘制风管"上下文选项卡，如图2.4-3所示。

图 2.4-1

图 2.4-2

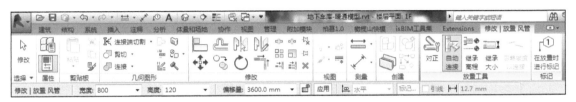

图 2.4-3

（2）打开"属性"对话框单击"编辑类型"工具，打开"类型属性"对话框，如图2.4-4所示。

图 2.4-4

2.4.3.3 绘制风管

（1）在"项目浏览器"中单击"BM_暖通"视图，进入"B1F_暖通"平面，如图2.4-5所示。首先绘制如图2.4-6所示的一段风管，图中，500×250为风管的尺寸，500表示风管的宽度，250表示风管的高度，单位为毫米。

注意

风管的颜色是由柏慕1.0材质库添加的系统颜色。

（2）单击"系统"选项卡下的"HVAC"面板上的"风管"命令，风管类型选择"SF 送风 - 镀锌钢板"。

在选项栏中设置风管的尺寸和高度，如图 2.4-7 所示，宽度为"500"，高度为"250"，偏移量为"2500"，系统类型选择"SF 送风"。

注意

偏移量表示风管中心线距离相对标高的高度偏移量。

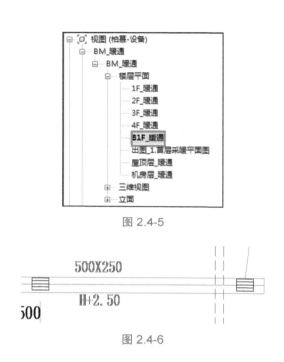

图 2.4-5

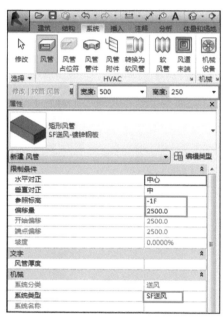

图 2.4-7

图 2.4-6

（3）风管的绘制需要两次单击，第一次单击确认风管的起点，第二次单击确认风管的终点。绘制完毕后选择"修改"选项卡下的"编辑"面板上的"对齐"命令，将绘制的风管与底图中心位置对齐。如图 2.4-8 所示。

绘制完该送风管结果如图 2.4-9 所示。

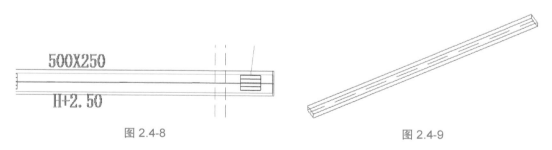

图 2.4-8

图 2.4-9

（4）接下来绘制排风管。排风管的绘制方法与送风管一致，风管尺寸根据 CAD 所标注的尺寸设定，偏移量同上设置为"2500"，风管的"系统类型"需设置为" PF 排风"，如图 2.4-10 所示。从右往左开始绘制。

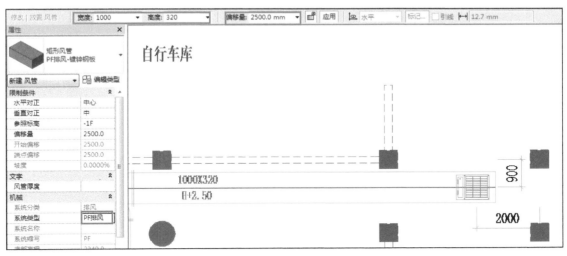

图 2.4-10

选择该风管，在右侧小方块上单击鼠标右键，选择"绘制风管"，如图 2.4-11 所示。

修改风管尺寸，宽度保持不变，将高度设置为"500"，然后绘制下一段风管，如图 2.4-12 所示。

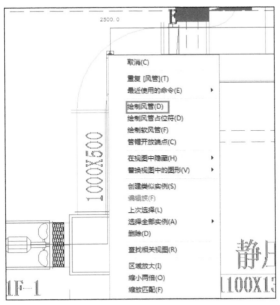

图 2.4-11

注意

对于不同尺寸风管的连接，自动生成相应的管件，不需要单独进行绘制。

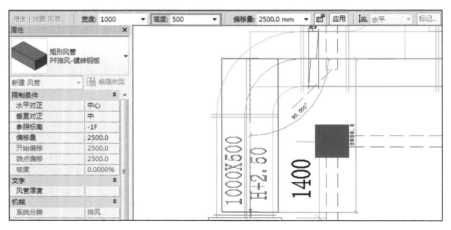

图 2.4-12

（5）横管绘制完成，接下来绘制纵向管道，单击"系统"选项卡下的"HVAC"面板上的"风管"命令，风管类型选择"矩形风管 PF 排风_镀锌钢板"，在选项栏中设置风管的尺寸和高度，如图 2.4-13 所示。宽度为"1000"，高度为"320"，偏移量为"2500"，系统类型选择"PF 排风"，如图 2.3-14 所示。

风管与风管会自动进行连接，生成三通或者四通。

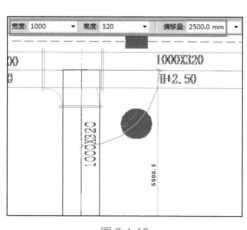

图 2.4-13

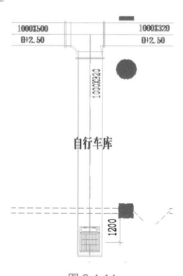

图 2.4-14

至此，整个暖通模型的排风管绘制完毕，如图 2.4-15 所示。

所有风管绘制完成之后，如图 2.4-16 所示。

2.4.3.4　添加风口

（1）进入"B1F_暖通"平面，单击"系统"选项卡下的"HVAC"面板上的"风道末端"命令，自动弹出"放置风道末端装置"上下文选项卡。

（2）选择所需风道末端"BM_单层百叶送风口"，"标高"设置为"-1F"，"偏移量"设置为"2000"，如图 2.4-17 所示。将鼠标放置在"单层百叶回风口"的中心位置，单击左键放置，风口会自动与风管连接，如图 2.4-18 所示。

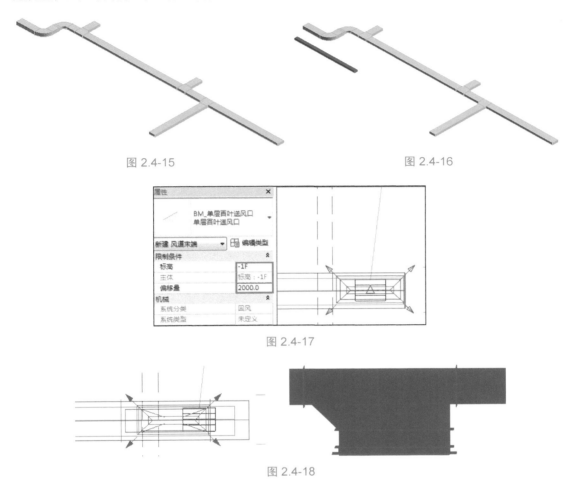

图 2.4-15　　　　　　　　　　　　　　　图 2.4-16

图 2.4-17

图 2.4-18

　　同样的方法完成所有"单层百叶回风口"的添加。添加完成之后，三维模型如图 2.4-19 所示。

图 2.4-19

2.4.3.5　添加送风风机

　　（1）进入"B1F_暖通"平面，单击"系统"选项卡下的"HVAC"面板上的"机械设备"命令，自动弹出"放置机械设备"上下文选项卡。如图 2.4-20 所示。

（2）在类型选择器中选择"BM_轴流送风机_自带软接"，把鼠标移动到管道中心线处，捕捉到中心线时（中心线高亮显示），单击完成送风机的添加。如图2.4-21所示。

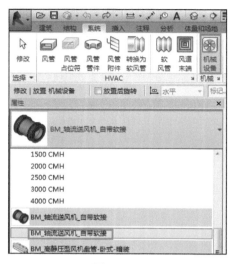

图 2.4-20

图 2.4-21

（3）风管默认的变径管是"30度"，可以更改变径管的类型，选择不同角度的变径管。选中刚刚所绘制风管中的变径管，类型选择"45度"，变径管角度与底图保持一致，如图2.4-22所示。

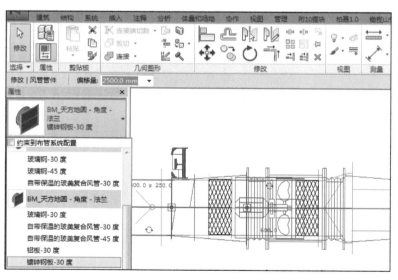

图 2.4-22

送风风机添加完成，完成效果如图2.4-23所示。

2.4.3.6　风管附件的添加

（1）风管附件包括防火阀、调节阀等，如图2.4-24所示。

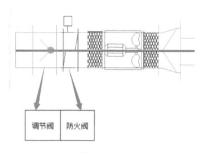

图 2.4-23   图 2.4-24

（2）单击"系统"选项卡下的"HVAC"面板上的"风管附件"命令，自动弹出"放置风管附件"上下文选项卡。在类型选择器中选择"BM_70°防火阀-矩形-不锈钢"，在绘图区域中需要添加防火阀的风管合适的位置的中心线上单击鼠标左键，即可将防火阀添加到风管上，如图 2.4-25 所示。

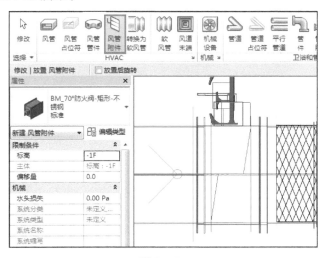

图 2.4-25

（3）同上，在类型选择器中选择"BM_调节阀-对开多叶调节阀-矩形"添加到合适位置，如图 2.4-26 所示。

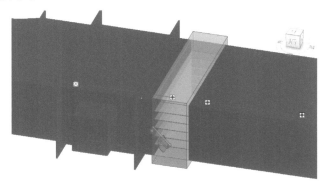

图 2.4-26

2.4.3.7 排风兼排烟风机的添加

单击"系统"选项卡下的"机械"面板上的"机械设备"，在类型选择器中选择"BM_轴流排风机_自带软接"。直接添加到绘制好的风管上，单击风管中心线上某一点即可放置风机。如图 2.4-27 所示。

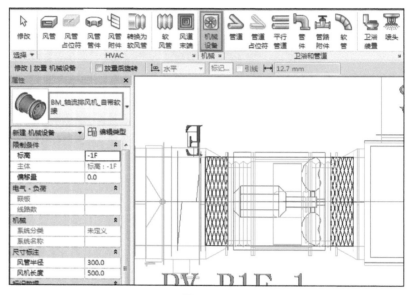

图 2.4-27

2.4.3.8 排烟口的添加

（1）单击"系统"选项卡下的"HVAC"面板上的"风道末端"，在类型选择器中选择"BM_板式排烟口 600×600"，"偏移量"设置为"2000"，然后在绘图区域内放置在 CAD 底图排烟口所在的位置，单击鼠标左键，即将排烟口添加到项目中。点击空格键，可以改变机组的方向。如图 2.4-28 所示。

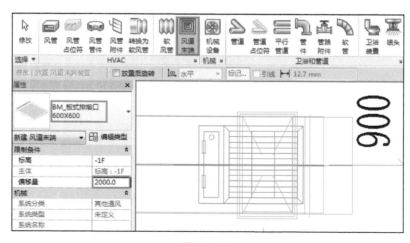

图 2.4-28

（2）同样的方式，依次添加其他排烟口。单个排烟口添加效果，如图 2.4-29 所示。

2.4.3.9 静压箱的添加

（1）单击"系统"选项卡下的"机械"面板上的"机械设备"，在类型选择器中选择"BM_静压箱"标准，"偏移量"设置为"2500"，然后在绘图区域内将机组放置在CAD底图静压箱所在的位置，单击鼠标左键，即将机组添加到项目中。点击空格键，可以改变静压箱的方向。放置完成后用对齐命令将静压箱与CAD底图对齐，如图2.4-30所示。

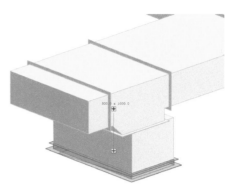

图2.4-29

（2）静压箱放置完成后，拖动左侧排风管道使其与静压箱相连。捕捉静压箱连接点时可使用Tab键进行切换捕捉，如图2.4-31所示。

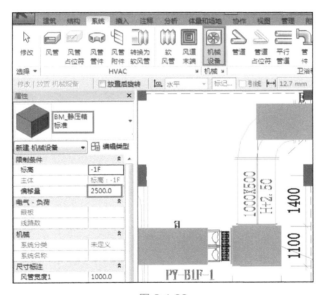

图2.4-30

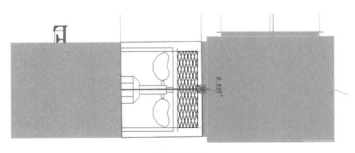

图2.4-31

（3）单击选择静压箱，单击上侧风管连接件，如图2.4-32所示，单击绘制风管。从风管类型选择器中选择"矩形风管PF排风-镀锌钢板"，如图2.4-33所示，绘制与静压箱连接的另一条风管。

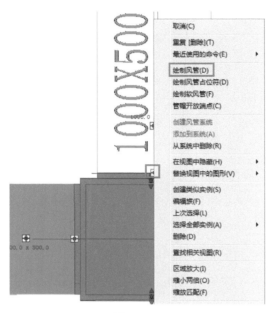

图 2.4-32

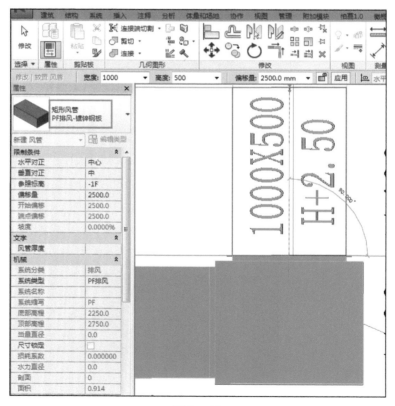

图 2.4-33

绘制完成之后，三维视图如图 2.4-34 所示。

至此，整个暖通模型的通风系统搭建完成，如图2.4-35所示。

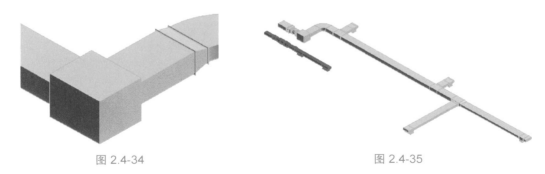

图2.4-34   图2.4-35

2.4.4 **任务总结**

（1）如果底图跟标注的尺寸不符时，不要直接量取图中尺寸，一般以标注的尺寸为主。

（2）风管类型与风管系统前用系统缩写字母表示，方便快速查找使用（如SF送风）。

（3）如果放置时风口方向不对，可以通过空格键进行切换。

（4）风管附件的添加一般不需要设置标高及尺寸，风管附件会自动识别风管的标高及尺寸，放置时只需确定位置即可。

2.5 暖专业——采暖模型

2.5.1 **任务说明**

按照办公大厦安装施工图，选择暖供、暖回系统的类型，选择暖供、暖回管道的类型，添加阀门等管路附件和散热器，掌握管道及其立管的绘制方法，最后完成整个采暖系统模型的绘制。

2.5.2 **任务分析**

（1）管道系统的选择及创建。

（2）添加散热器。

（3）添加管路附件。

2.5.3 **任务实施**

2.5.3.1 水管设置

（1）单击"系统"选项卡下的"卫浴和管道"面板中的"管道"工具，或使用快捷键PI，如图2.5-1所示。打开"绘制管道"上下文选项卡，如图2.5-2所示。

图 2.5-1

图 2.5-2

（2）打开"属性"对话框，单击"编辑类型"工具，打开"类型属性"对话框，如图 2.5-3 所示。

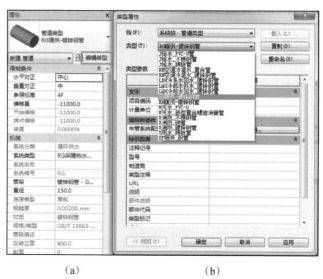

（a）　　　　　　　　（b）

图 2.5-3

2.5.3.2　绘制管道

（1）在项目浏览器中单击"BM_暖通"视图，进入"4F_暖通"平面，单击"插入"选项卡下的"导入"面板中的"导入CAD格式"，选择"四层采暖平面图_t3.dwg"文件，具体设置如图 2.5-4 所示。

导入之后将CAD与项目轴网对齐锁定，并在属性面板"可见性/图形替换"对话框中"注释类别"选项卡下，取消勾选"轴网"。

（2）识读采暖施工图时将平面图与系统图对照起来看，水平管道在平面图中体现，供回水水管均在四层平面图中体现，在平面图中立管用圆圈表示，如图 2.5-5 所示。相应的立管信息在系统图中可以看到。

（3）进入"4F_暖通"平面，开始绘制供暖管。单击"系统"选项卡下的"卫浴和管道"

面板上的"管道"命令，管道类型选择"RG 暖供 - 镀锌钢管"。

图 2.5-4

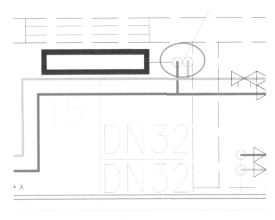

图 2.5-5

　　在选项栏中设置管道的直径，如图 2.5-6 所示，直径为"32"，偏移量为"3500"，系统类型选择"RG 采暖热水供水"。偏移量表示管道中心线距离相对标高的高度偏移量。

　　（4）首先在起始位置单击鼠标左键，沿着底图线条拖拽光标，直到该管道结束的位置，单击鼠标左键，然后按"ESC"键退出绘制。绘制完成后用对齐命令将管道与 CAD 底图对齐，如图 2.5-7 所示。

　　在管道的变径处，直接在"放置管道"上下文选项卡中的选项栏里修改"直径"为40，偏移量不变，然后继续绘制管道。对于不同尺寸管道的连接，系统会自动生成相应的管件，不需要单独进行绘制，如图 2.5-8 所示。

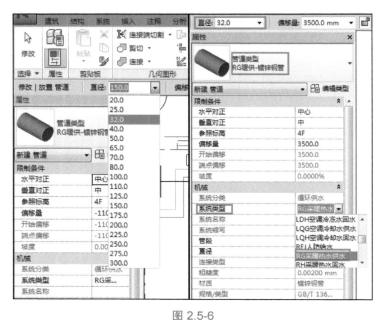

图 2.5-6

图 2.5-7

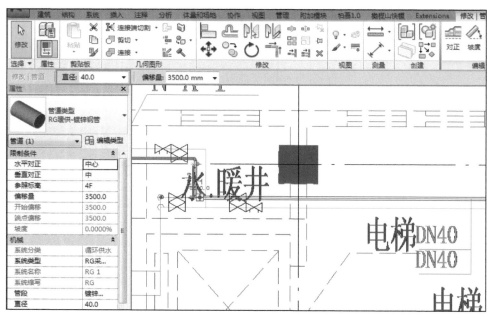

图 2.5-8

（5）接下来，完成其他干管的绘制，绘制方法如上，管道的尺寸根据 CAD 标注一一绘制，在此不做赘述。

（6）完成所有干管绘制后，开始绘制支管和立管，由 CAD 图纸标注可以看出，支管直径有变化，将直径改为"25"，偏移量为"3500"，如图 2.5-9 所示。

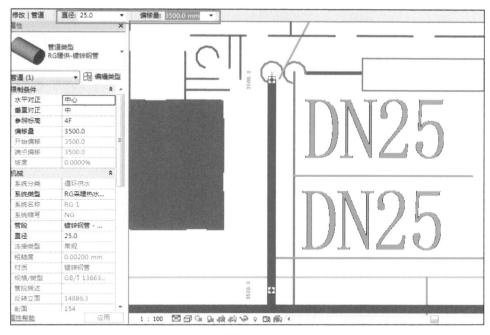

图 2.5-9

在该管道末端是一个向下的立管，绘制立管时，直接在"放置管道"上下文选项卡中的选项栏里修改"偏移量"，此处设置为 0，如图 2.5-10 所示，然后单击"应用"按钮即可自动生成相应的立管，结果如图 2.5-11 所示。

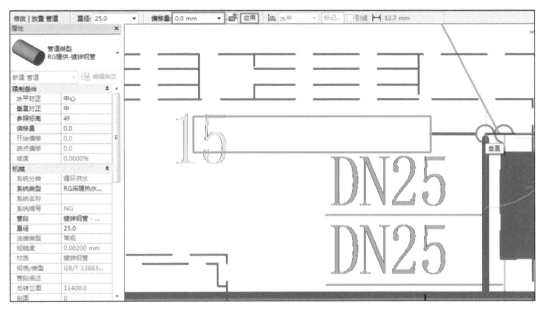

图 2.5-10

图 2.5-11

在管道系统中，弯头、三通和四通之间可以互相变换。图中所示拐角位置需要连接三根管道，单击选中弯头，可以看到在弯头另外两个方向会出现两个╋，单击图中所示位置的╋，可以看到弯头变成了三通，如图 2.5-12 所示。同样，单击选中三通，会出现━，单击━，三通可以变为弯头，如图 2.5-13 所示。

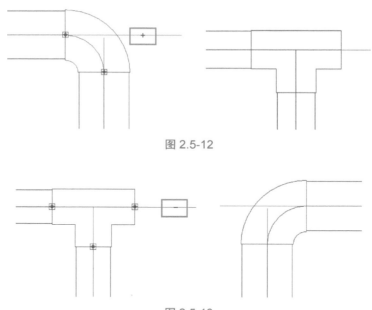

图 2.5-12

图 2.5-13

其余的支管也是相同的绘制方法，完成支管的绘制，至此整个暖供管绘制完成，如图 2.5-14 所示。

接下来绘制另一根管道，绘制方法与之前相同，按如图 2.5-15 所示对管道进行设置，然后沿管道路径绘制管道即可，如图 2.5-16 所示。

整个暖回系统的管道绘制方法与上一个相同，具体管道尺寸依据底图尺寸来定，绘制完成三维视图如图 2.5-17 所示。

至此，四层暖通的管道就绘制完成了，如图 2.5-18 所示。

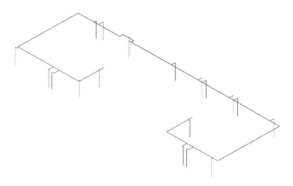

图 2.5-14

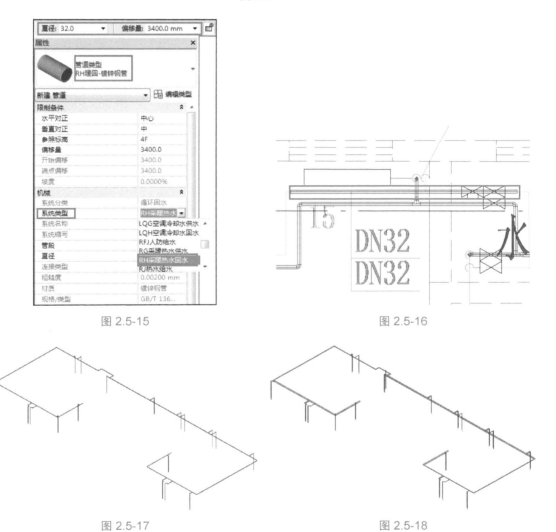

图 2.5-15　　　　　　　　　　　　　　　　　图 2.5-16

图 2.5-17　　　　　　　　　　　　　　　　　图 2.5-18

2.5.3.3　添加散热器

选择所需风道末端"BM_散热器 - 同侧下供上回","标高"设置为"4F","偏移量"设置为"500",如图 2.5-19 所示。然后在绘图区域内在 CAD 底图散热器所在的位置单击鼠标左键，即将散热器添加到项目中。按空格键，可以改变散热器的方向。如图2.5-19所示。

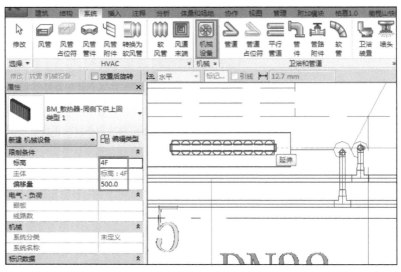

图 2.5-19

散热器片数详见平面图。如图2.5-20所示，图中的数字代表的是散热器的片数。

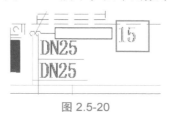

图 2.5-20

选中放置好的散热器，修改其散热器的片数，如图2.5-21所示。

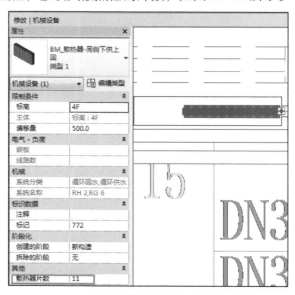

图 2.5-21

散热器放置以后回到三维视图，单击选择散热器，右击管道连接点，选择绘制管道。如图 2.5-22 所示。绘制完成之后将上下两根管道连接，最后效果如图 2.5-23 所示。

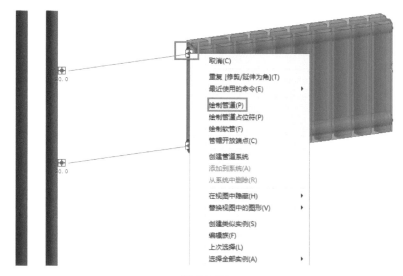

图 2.5-22

同样的方法，完成所有"BM_ 散热器 - 同侧上供下回"的添加。

2.5.3.4 管路附件的添加

（1）管路附件包括截止阀、温度调节阀、温控阀、水表等，如图 2.5-24 所示。

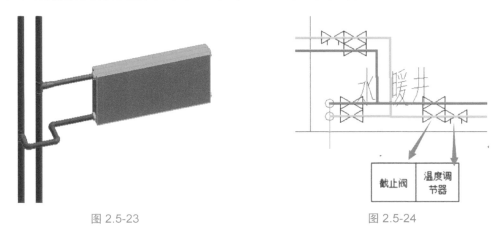

图 2.5-23   图 2.5-24

（2）在"4F_ 暖通"楼层平面，单击"系统"选项卡下的"卫浴和管道"面板上的"管路附件"命令，自动弹出"放置管路附件"上下文选项卡。在类型选择器中选择"BM_ 截止阀 -J41 型 - 法兰"，在绘图区域中需要添加截止阀的水管合适的位置的中心线上单击鼠标左键，即可将截止阀添加到管路上，如图 2.5-25 所示。

（3）与上述步骤相似，在类型选择器中选择"BM_ 温度调节器 - 自力式 - 法兰式"添加到合适位置，如图 2.5-26 所示。同样的方法，完成所有截止阀、温度调节器的添加。接下来绘制连接散热器管件上的温控阀、截止阀。如图 2.5-27 所示。

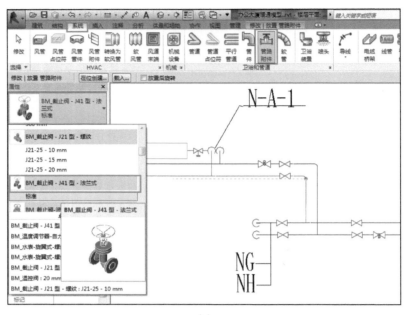

（a）

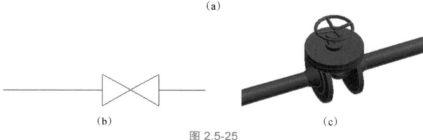

（b） （c）

图 2.5-25

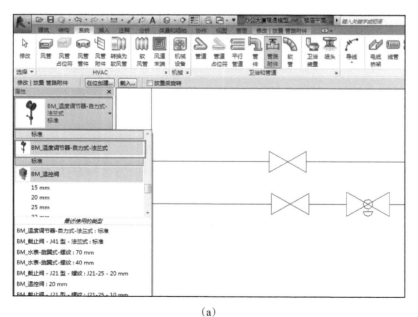

（a）

（b）

图 2.5-26

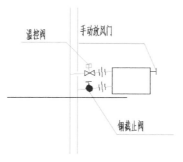

图 2.5-27

在立面"北_暖通"，单击"系统"选项卡下的"卫浴和管道"面板上的"管路附件"命令，自动弹出"放置管路附件"上下文选项卡。

在类型选择器中选择"BM_温控阀20mm"，温控阀添加方法是直接添加到绘制好的管件上，在绘图区域中需要添加温控阀的管件合适的位置的中心线上单击鼠标左键，即可将温控阀添加到管路上，如图 2.5-28 所示。

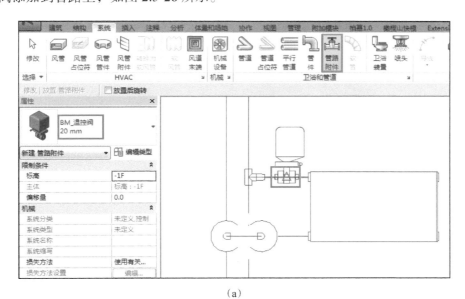

（a）

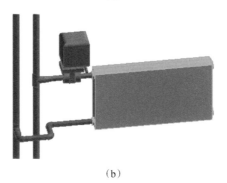

（b）

图 2.5-28

温控阀添加完成之后开始添加截止阀，添加方法同上，如图 2.5-29 所示。

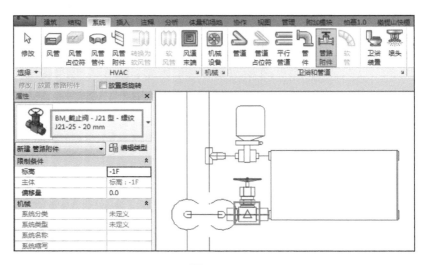

图 2.5-29

至此，"4F_暖通"绘制完成，如图 2.5-30 所示。

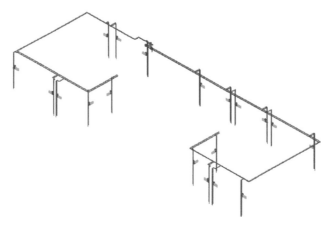

图 2.5-30

由于 1F、3F 散热器、温控阀、截止阀跟 4F 平面位置一样，采用复制方式绘制。

进入三维视图，选中刚刚绘制的所有管道、散热器等，单击"修改">"剪贴板">"复制"，如图 2.5-31 所示。点击"粘贴">"与选定的标高对齐"，如图 2.5-32 所示。

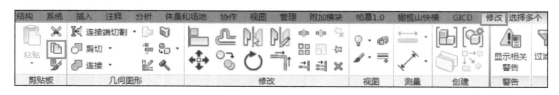

图 2.5-31

图 2.5-32

　　弹出"选择标高"对话框，分别复制到 1F 和 3F。将所有构件复制到一层和三层。如图 2.5-33 所示。同样的方法，将所有的管线连接完成。从平面图可以看出，3F 跟 4F、1F 散热器的片数不同，这时需要进入"3F_暖通"楼层平面，对散热器的片数进行修改，完成之后，同样的方式，复制到 2F。如图 2.5-34 所示。

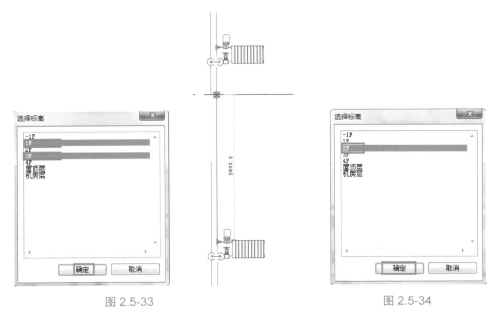

图 2.5-33　　　　　　　　　　　　　　　　图 2.5-34

　　从平面图可看出，2F 缺少 4 个散热器，如图 2.5-35 所示。

　　把该位置上的散热器删除后，将其他的用同样的方式进行连接，完成后的三维视图如图 2.5-36 所示。

　　采暖专业施工图，采暖供回水系统中，管道由室外引入，引入管采用 DN70 管热镀锌钢管引至四层，四层水平供回水管道分配水流至各个散热器。

　　绘制过程就不一一阐述了。绘制完成后把管道上的附件添加完成，整个三维视图如图 2.5-37 所示。

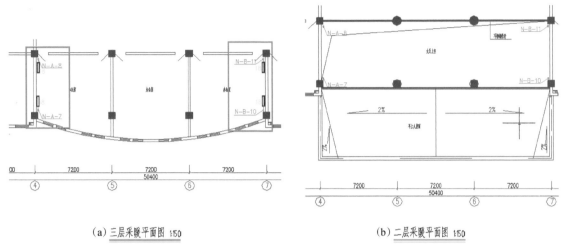

（a）三层采暖平面图 1:50   （b）二层采暖平面图 1:50

图 2.5-35

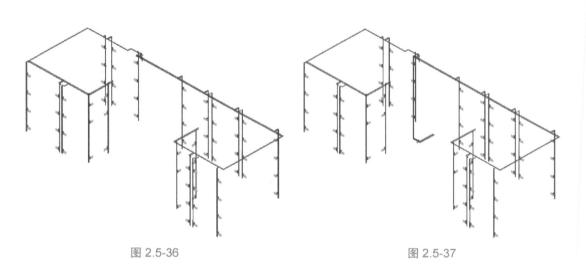

图 2.5-36   图 2.5-37

2.5.4　任务总结

管道在精细模式下为双线显示，中等和粗略模式下为单线显示。

2.6　电气专业照明系统

2.6.1　任务说明

按照办公大厦安装施工图，完成照明系统的灯具、疏散指示灯、安全出口指示灯、线管以及电缆桥架的各项设置。

2.6.2 任务分析

（1）选择灯具类型与绘制。

（2）选择线管类型与绘制。

（3）选择桥架类型与绘制。

（4）选择开关与绘制。

（5）选择插座与绘制。

（6）选择配电箱与绘制。

2.6.3 任务实施

2.6.3.1 新建项目

（1）打开 Revit 软件，单击"应用程序菜单"下拉按钮，选择"新建项目"，在弹出的"新建项目"对话框浏览选择"办公大厦设备样板.rte"，单击"确定"按钮。如图 2.6-1 所示。

（2）打开之前保存的"办公大厦-电气模型"文件，在项目浏览器中进入电气楼层平面-1F，选中暖通专业下的所有楼层平面、三维视图以及立面视

图 2.6-1

图，如图 2.6-2 所示，按 Delete 键删除，同理，将水专业中的 BM_ 喷淋和 BM_ 给排水及消防下的所有视图删除。

（3）在电气专业下用鼠标右键单击 -1F，在出现的对话框中选择"复制视图">"复制"，依次复制 1F ～ 4F，屋顶层，机房层，三维视图以及立面视图。结果如图 2.6-3 所示。

图 2.6-2

图 2.6-3

（4）单击"副本：1F"，在属性栏中将"视图分类 - 子"中的"BM_ 电气"改为"BM_ 照明"，如图 2.6-4 所示。

（5）全选余下的视图，在"视图分类 - 子"下拉列表中选择"BM_照明"，如图 2.6-5 所示。

（6）将各楼层平面名称格式改为"BM_照明"，修改结果如图 2.6-6 所示。

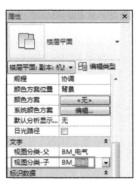

图 2.6-4

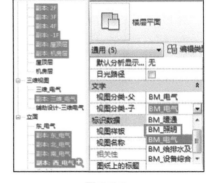

图 2.6-5

图 2.6-6

（7）同理，为电气项目添加"插座"、"弱电"，并将原有"BM_电气"的"视图分类 - 子"改为消防，结果如图 2.6-7 所示。

保存文件"办公大厦 - 电气模型"。

2.6.3.2 放置构件

（1）放置吸顶灯。

打开保存的"办公大厦 - 电模型"文件，在项目浏览器中双击进入"楼层平面 1F_ 照明"视图，单击"插入"选项卡下的"导入"

图 2.6-7

面板中的"导入 CAD"命令，打开"导入 CAD 格式"对话框，从"电气平面图"中选择"地下一层照明"DWG 文件，具体设置如图 2.6-8 所示。

图 2.6-8

（a）导入之后将 CAD 与项目轴网对齐并锁定（快捷键 PN）。

（b）进入东立面，在属性面板中选择"可见性 / 图形替换（快捷键 VV）"，单击"可见性 / 图形替换" > "注释类别"选项卡，勾选"参照平面"，单击"确定"按钮。如图 2.6-9所示。

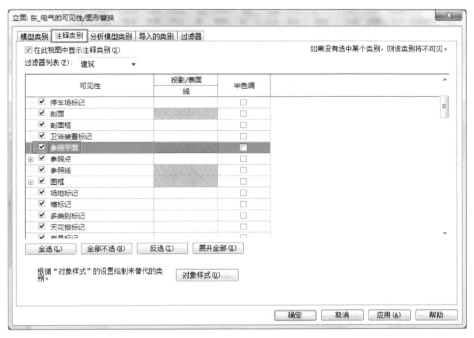

图 2.6-9

（c）单击"建筑"选项卡下的"工作平面"面板中的"参照平面（快捷键 RP）"命令，绘制如图 2.6-10 所示的参照平面。单击参照平面，为其命名为"B1_ 天花板平面"，修改参照平面高度为 3000。

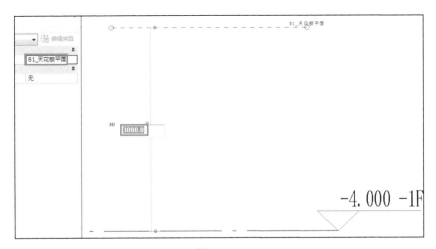

图 2.6-10

（d）单击"系统">"电气">"照明设备"命令，在类型选择器下拉列表中选择"BM_吸顶灯"，单击"放置"面板中的"放置在工作平面上"命令，选择绘制的参照平面后，在弹出的对话框中选择"拾取一个平面"，单击"确定"按钮，在弹出对话框中选择"楼层平面：-1F"，单击"打开视图"，过程如图 2.6-11 所示。

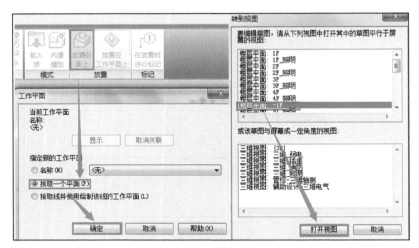

图 2.6-11

（e）在弹出的 -1F 楼层平面按照 CAD 中吸顶灯的位置放置灯具。如图 2.6-12 所示。

（2）放置单、双管荧光灯。

单击"系统选项卡">"电气">"照明设备"命令，在类型列表下拉选项中选择"双管荧光灯"，设置标高为"-1F"，偏移量为"3000"，按照 CAD 图中灯的位置在绘图区域单击放置灯具。如图 2.6-13 所示。

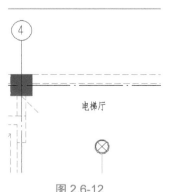

图 2.6-12

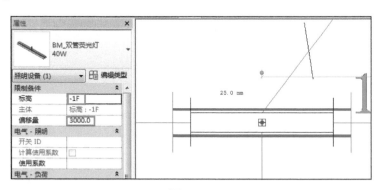

图 2.6-13

单管荧光灯的添加方式与双管荧光灯的添加方式相同，单击"系统选项卡">"电气">"照明设备"命令，在类型列表下拉选项中选择"单管荧光灯"，设置标高为"-1F"，偏移量为"3000"，按照 CAD 图中灯的位置在绘图区域点击放置灯具。如图 2.6-14 所示。

（3）放置壁灯。

链接结构模型，进入楼层平面"B1_照明"视图，单击"插入">"链接">"链接REVIT"命令，选择"广联达大厦 - 结构模型"，"定位"选择"自动 - 原点到原点"，如图

2.6-15 所示，单击"打开"按钮，链接进入结构模型。

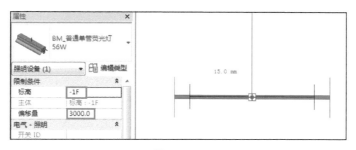

图 2.6-14

图 2.6-15

同理，链接进入建筑模型。

单击"系统">"电气">"照明设备"命令，在类型选择器下拉列表中找到" BM_ 壁灯"，设置立面限制条件为"2500"，单击"修改 | 放置设备">"放置">"放置在垂直面上"，如图 2.6-16 所示。按照 CAD 中灯的位置放置壁灯，如图 2.6-17 所示。

图 2.6-16

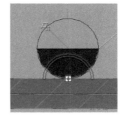

图 2.6-17

注意

如果在放置时出现如图 2.6-17 所示位置相反的情况时，可按空格键翻转至合适的位置。

（4）放置座灯。

墙上座灯的放置方式与壁灯的相同，单击"系统">"电气">"照明设备"命令，在类型选择器下拉列表中选择"BM_墙上座灯"，修改立面限制条件为"2200"，按照 CAD 图中灯的位置放置墙上座灯，如图 2.6-18 所示。

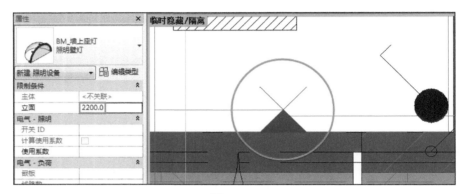

图 2.6-18

（5）放置开关、插座。

开关、插座的放置方式与壁灯、墙上座灯相同。单击"系统">"电气">"设备">"电气装置"，在类型选择器下拉菜单中选择"BM_单控单联翘板开关"，修改立面限制条件为"1300"，按照 CAD 图中相应开关的位置进行放置，如图 2.6-19 所示，以此方式放置所有类型开关。

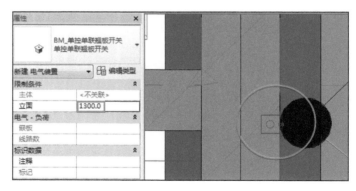

图 2.6-19

单击"系统">"电气">"设备">"电气装置"，在类型选择器下拉菜单中选择"BM_单相二、三级插座"，修改立面限制条件为"300"，按照 CAD 图中相应开关的位置进行放置，如图 2.6-20 所示。

（6）放置疏散指示灯。

单击"系统">"电气">"设备">"照明设备"，在类型选择器下拉列表中选择"BM_应急疏散指示灯 - 嵌入式 - 矩形"，修改立面限制条件为"500"，按 CAD 中的位置依次放置，如图 2.6-21 所示。

单击"系统">"电气">"设备">"照明设备"，在类型选择器下拉列表中选择"BM_

安全出口指示灯 - 嵌入式 - 矩形"，修改立面限制条件为"2200"，按 CAD 中的位置依次放置，如图 2.6-22 所示。

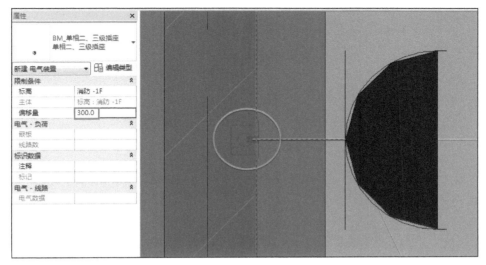

图 2.6-20

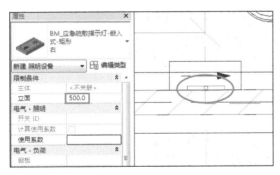

图 2.6-21

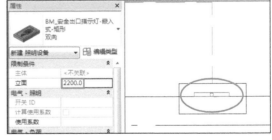

图 2.6-22

（7）放置配电箱。

动力配电箱与照明配电箱的放置方式相同。单击"系统">"电气">"电气设备"，在类型选择器下拉列表中选择"BM_照明配电箱"，单击"编辑类型"，"类型属性"中单击"复制"，弹出对话框中输入"ALD2"，单击"确定"按钮，并修改箱体高度为"1000"，长度为"800"，厚度为"200"，如图 2.6-23 所示。

设置限制条件，标高为"-1F"，偏移量为"1300"。按照 CAD 图中"ALD1"的位置进行绘制，如图 2.6-24 所示。

单击"系统">"电气">"电气设备"，在类型选择器下拉列表中选择"BM_配电箱 AA1"，落地安装，然后再选择"BM_配电箱 AA2"进行安装，如图 2.6-25 所示。

单击"系统">"电气">"电气设备"，在类型选择器下拉列表中选择"BM_动力配电箱"，设置限制条件偏移量为"1300"，按照如图 2.6-26 所示位置放置，用此方式放置余下的动力配电箱、照明配电箱。

图 2.6-23

图 2.6-24

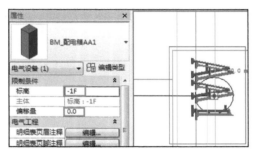

图 2.6-25

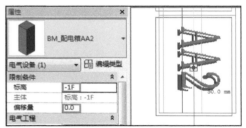

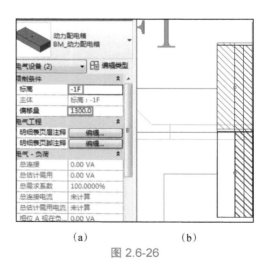

（a） （b）

图 2.6-26

（8）排烟风机、排风风机。

单击"系统"＞"电气"＞"电气设备"，在类型选择器下拉列表中选择"BM_排烟风机控制箱"，修改限制条件：标高为"-1F"，偏移量为"2700"。在如图 2.6-27 所示位置放置。

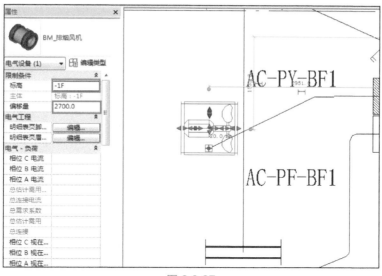

图 2.6-27

单击"系统">"电气">"电气设备",在类型选择器下拉列表中选择"BM_排风风机",修改限制条件:标高为"-1F",偏移量为"2700",如图 2.6-28(a)所示。在如图 2.6-28(b)所示位置放置。

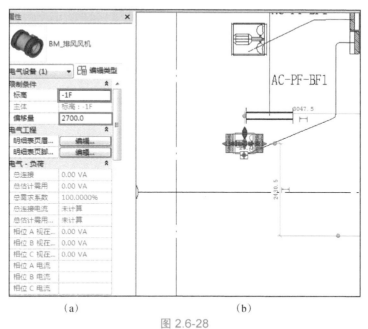

（a） （b）

图 2.6-28

绘制完成的构件模型如图 2.6-29 所示。

2.6.3.3 绘制线管

（1）线管绘制方法有两种:

① 一种是直接绘制线管,单击"系统">"电气">"线管",第一次单击确认线管的起点,第二次单击确认线管的终点,如图 2.6-30（a）所示。

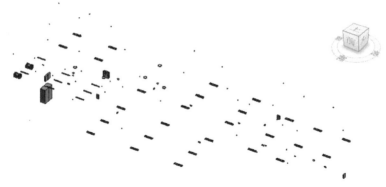

图 2.6-29

② 另一种方法是在已有线管的基础上继续绘制线管，单击已有线管并单击右键，在出现的对话框中单击选择"绘制线管"，或直接在单击线管之后使用快捷键 CS，即可继续绘制线管。

（a）单击已绘制水平线管，对任意拖拽点单击鼠标右键，在出现的对话框中选择"绘制线管"，在"偏移量"的下拉列表中选择或手动输入所需偏移量，单击"应用"，系统将自动生成立管，如图 2.6-30（b）、（c）所示。

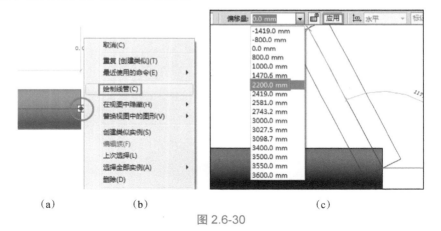

（a） （b） （c）

图 2.6-30

（b）如若需要两根高度不同的线管之间直接生成相互连接的立管，可在平面图中直接拖动上端立管左端点至下端立管右端点，系统即可自动生成立管，结果如图 2.6-31 所示。

（2）项目所需线管的创建。

① 单击"系统" > "电气" > "线管"（快捷键 CN），在类型选择器下拉列表中选择"带配件的线管刚性非金属线管（RNC Sch 40）"，单击"编辑类型"，在"类型属性"对话框中单击"复制"，将名称改为"电气配管 -RC100"。如图 2.6-32 所示。

② 单击"系统" > "电气" > "电气设置（快捷键 ES），

图 2.6-31

如图 2.6-33 所示。

图 2.6-32

图 2.6-33

③ 在弹出的对话框中选择"尺寸",在标准中选择"RNC Schedule40",如图 2.6-34 所示。

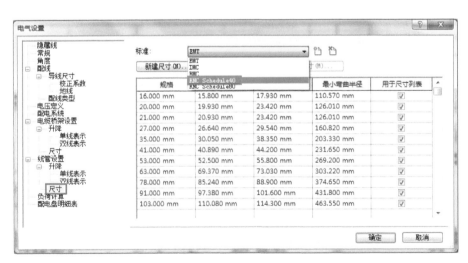

图 2.6-34

④ 单击"新建尺寸",公称外径改为"100.000mm",内径改为"106.000mm",外径改为"114.000mm"。如图 2.6-35 所示。

⑤ 按此方式依次创建。

"焊接钢管 _SC20",公称直径"20",内径"21.25",外径"26.25";

"焊接钢管 _SC25",公称直径"25",内径"27",外径"32";

"焊接钢管 _SC40"，公称直径"40"，内径"41"，外径"46"；

"刚性阻燃管 -PC20"，公称直径"20"，内径"16.9"，外径"20"。

图 2.6-35

（3）灯具线管的绘制。

① 进入楼层平面"B1_照明"视图，在属性面板中选择"可见性 / 图形替换"，单击"可见性 / 图形替换"对话框中"Revit 链接"选项卡，取消建筑与结构模型的勾选，单击"确定"。如图 2.6-36 所示。

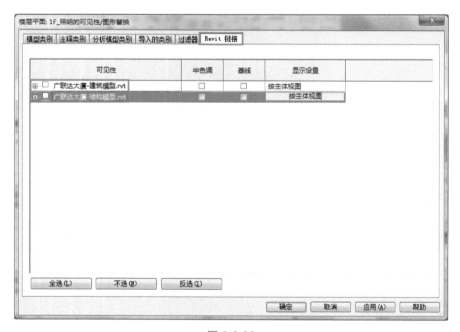

图 2.6-36

② 单击"系统">"电气">"线管"，类型选择器下拉列表中选择"电气配管 -RC100"，

设置限制条件，参照标高为"-1F"，偏移量为"-800"，其中偏移量表示线管底部距离相对标高的高度偏移量，按照 CAD 图中进户线位置绘制线管。第一次单击确认线管的起点，第二次单击确认线管的终点。如图 2.6-37 所示。

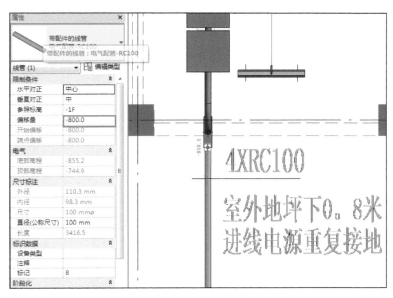

图 2.6-37

③ 进入三维视图，在属性面板选择"可见性/图形替换"，单击"可见性/图形替换"对话框中"Revit 链接"选项卡，取消建筑与结构模型的勾选，单击确定。选择刚刚绘制的线管，拖拽左端点至出现选择连接件的状态，松开鼠标，线管将自动与配电箱连接，如图 2.6-38 所示。

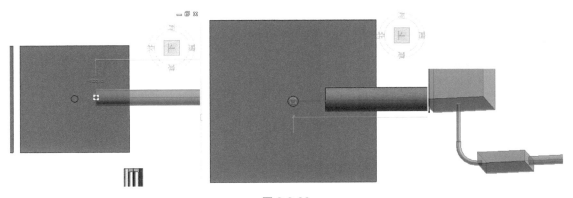

图 2.6-38

④ 类似如图 2.6-39 所示的尺寸和要求不符，会生成多余接线盒，需要将其修改为一致的尺寸。

（4）灯具、开关的线管绘制放置相同，以双管荧光灯线管绘制为例。

① 单击"系统">"电气">"线管"，在类型选择器下拉列表中选择"刚性阻燃管 -PC20"，

设置限制条件偏移量为"3500",绘制线管,如图 2.6-40 所示。

图 2.6-39 图 2.6-40

② 在管线与管线相交的位置会出现三通接线盒,单击接线盒顶部"＋",三通会转换为四通,如图 2.6-41 所示。

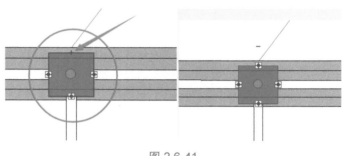

图 2.6-41

③ 鼠标右键单击四通上部拖拽点,在弹出的菜单中单击"绘制线管"命令,继续绘制出如图 2.6-42 所示的线管。

④ 绘制完成的线管如图 2.6-43 所示。

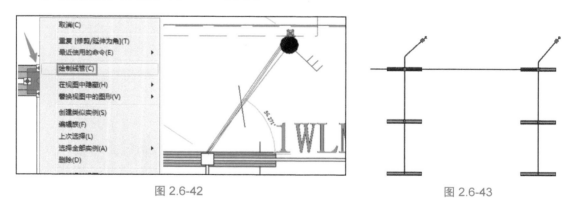

图 2.6-42 图 2.6-43

⑤ 选择四通,在类型选择器下拉列表中选择"BM_线管接线盒 - 五通 RNC",如图 2.6-44 所示。

⑥ 进入三维视图,找到五通位置,单击对应的双管荧光灯,在出现的连接件位置单击鼠标右键,在出现的菜单中选择"绘制线管",设置偏移量为"3400",单击"应用",如图 2.6-45 所示。

⑦ 拖动端点至接线盒下方,出现与连接件相连的图示时,放开鼠标线管将与接线盒相连,如图 2.6-46 所示。

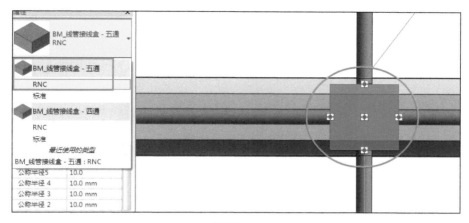

图 2.6-44

图 2.6-45

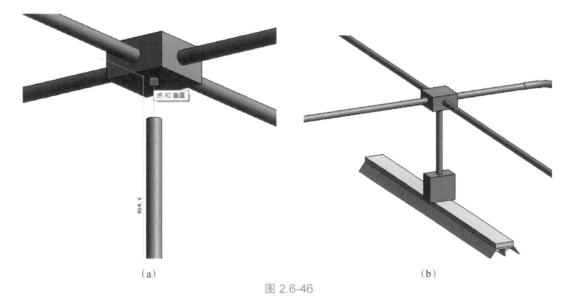

（a） （b）

图 2.6-46

⑧ 如若出现如图 2.6-47 所示的对话框，进入平面视图"B1_照明"，利用对齐命令将线管中心线与灯具中心线对齐后再进行上述操作即可。

⑨ 绘制好的模型如图 2.6-48 所示。

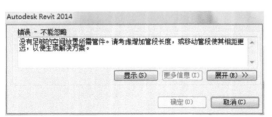

图 2.6-47　　　　　　　　　　　　　　　　图 2.6-48

以此方式绘制剩余双管荧光灯、单管荧光灯、吸顶灯与对应开关线管的绘制。

（5）疏散指示线管的绘制。

① 疏散指示灯线管为防止与其他各线管碰撞，将标高设为"-1F"，偏移量为"3600"。

② 单击"系统">"电气">"线管"命令，在类型选择器下拉列表中选择"焊接钢管_SC20"，设置限制条件偏移量为"3600"，按照 CAD 图中疏散指示的布线（粉色线）绘制线管，如图 2.6-49 所示。

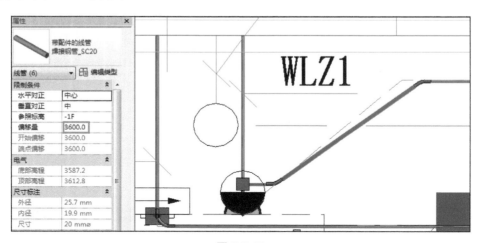

图 2.6-49

③ 在如图 2.6-50 所示位置中疏散指示水平线管在竖向线管下方，所以在绘制到此位置时将水平线管标高处理为"-1F"、"3500"，以避过竖向线管。

④ 结果如图 2.6-51 所示。

⑤ 完成壁灯线管的连接，单击"系统">"电气">"线管"，在类型选择器下拉列表中选择"焊接钢管_SC20"，在如图 2.6-52 所示位置第一次单击确认线管的起点。

⑥ 在如图 2.6-53 所示位置第二次单击确认线管的终点，系统自动连接。

（6）插座。

进入楼层平面"B1_照明"，单击"系统">"电气">"线管"命令，在类型选择器下拉列表中选择"刚性阻燃管 -PC20",设置限制条件偏移量为"3400",按照 CAD 图中疏散指示的布线绘制线管,如图 2.6-54 所示。

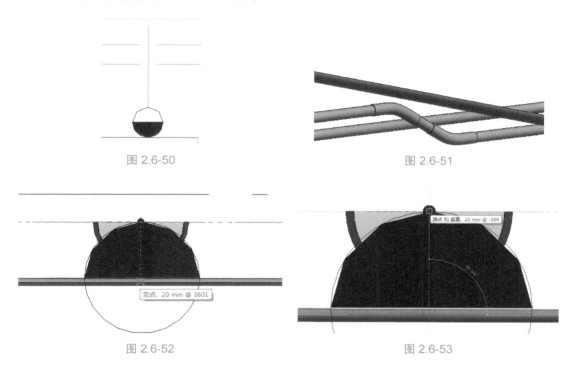

图 2.6-50

图 2.6-51

图 2.6-52

图 2.6-53

（7）排烟风机、排风风机线管绘制。

单击"系统">"电气">"线管"命令,在类型选择器下拉列表中选择"刚性阻燃管 -PC20",设置限制条件偏移量为"3400",按照 CAD 图中排烟风机、排风风机的布线绘制线管,并完成与配电箱的连接,如图 2.6-55 所示。

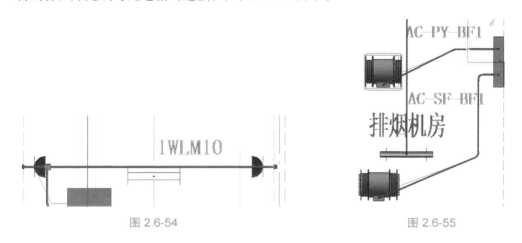

图 2.6-54

图 2.6-55

（8）绘制照明系统桥架。

① 单击"系统">"电气">"强电桥架"命令,从"带配件的电缆桥架"中选择类型"不锈钢槽式 - 桥架 - 强电",在选项栏中设置桥架的尺寸和高度,如图 2.6-56 所示,宽

度为"300"，高度为"100"，偏移量为"3500"。其中偏移量表示桥架底部距离相对标高的高度偏移量。第一次单击确认桥架的起点，第二次单击确认桥架的终点。绘制完毕后选择"修改"选项卡下的"编辑"面板上的"对齐"命令，将绘制的桥架与底图中心位置对齐并锁定，如图 2.6-56 所示。

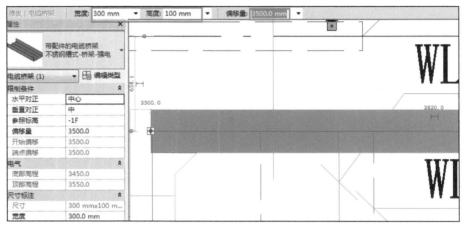

图 2.6-56

② 绘制桥架支管时，设置好桥架支管尺寸后直接绘制即可，系统会自动生成相应的配件，如图 2.6-57 所示。

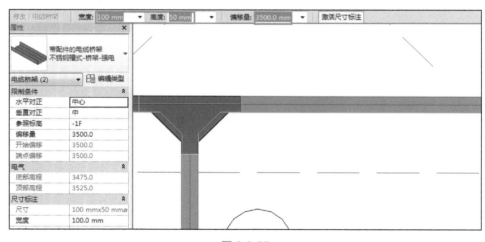

图 2.6-57

③ 桥架绘制完成之后如图 2.6-58 所示。

④ 电气中桥架的绘制方法虽然与风管、水管类似，但是桥架没有系统，也就是说不能像风管一样通过系统中的材质添加颜色。但是桥架的颜色可以通过过滤器来添加。

⑤ 在项目浏览器中点击进入楼层平面"-1F"，在属性面板中选择"可见性/图形替换（快捷键 VV）"，单击"可见性/图形替换"对话框中"过滤器"选项卡，单击"添加"，为视图添加过滤器。在弹出的"添加过滤器"对话框中选择"不锈钢槽式-桥架-强电"命令，

单击"确定"，如图 2.6-59 所示。

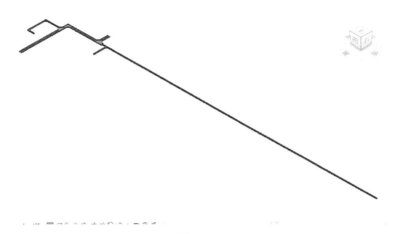

图 2.6-58

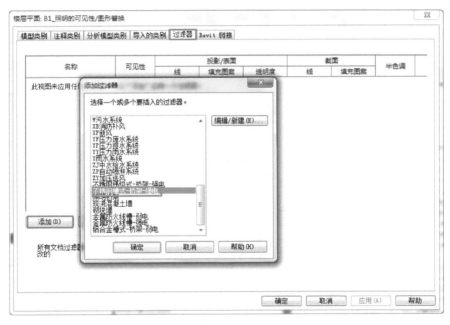

图 2.6-59

⑥ 更改"填充图案"颜色为红色，填充图案为"实体填充"，如图 2.6-60 所示。

⑦ 打开三维视图，可以发现此视图中刚刚绘制的强电桥架颜色却并没有发生变化，这是因为过滤器的影响范围仅仅是当前视图。因此，如果想要三维视图中桥架也发生相应的颜色变化，需要在此视图的可见性设置上重复上述操作。

⑧ 一个项目中的过滤器是通用的，前面设置的过滤器在另一个视图中也是可以使用的。使用时直接选择即可。但是具体的颜色及填充图案需要重新设置。完成后单击"确定"，可以看到三维视图中桥架颜色也变成了红色。

图 2.6-60

⑨ 至此，完成照明系统的绘制，保存文件，结果如图 2.6-61 所示。

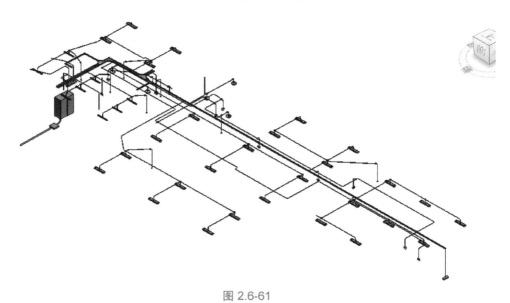

图 2.6-61

2.6.3.4 机房层构件放置

（1）构件放置。

壁灯、吸顶灯、插座、配电箱放置方式同"照明系统"中介绍的方法。

（2）线管绘制。

① 单击"系统" > "电气" > "线管"命令，单击"编辑类型"，在弹出的"类型属性"

对话框中单击"复制"，在弹出对话框中输入"紧定式钢管 -JDG16"，单击两次"确定"，完成线管创建。如图 2.6-62 所示。以此方式创建"紧定式钢管 -JDG20"，"紧定式钢管 -JDG25"。

　　② 单击"系统" > "电气" > "线管"命令，类型选择器下拉列表中选择"焊接钢管 _SC40"，修改限制条件，参照平面"机房层"，偏移量为"3500"。按照 CAD 图中" WPE1"的布线绘制线管。如图 2.6-63 所示。

图 2.6-62

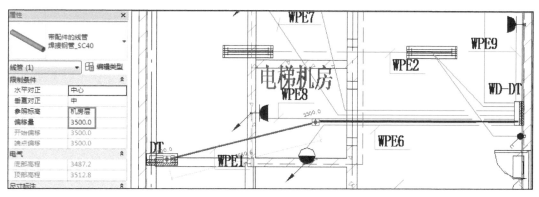

图 2.6-63

以此方式选择：

"紧定式钢管 -JDG16"线管绘制 "WPE5"、"WPE6"；

"紧定式钢管 -JDG20"线管绘制 "WPE7"、"WPE8"、"WPE9"；

"紧定式钢管 -JDG25"线管绘制 "WPE10"；

"焊接钢管 _SC20"线管绘制 "WPE2"，为避免碰撞，将 "WP2"偏移量修改为"3550"。

"刚性阻燃管 -PC20"线管绘制楼梯处吸顶灯与开关的连接。

绘制结果如图 2.6-64 所示。

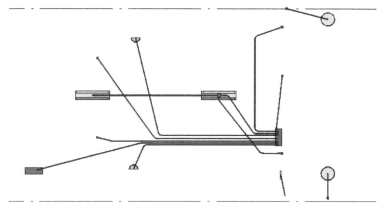

图 2.6-64

2.6.4　**任务总结**

（1）其他层照明系统的绘制方式与B1层基本一致，要注意的是，绘制线管时要分析各线管间可能发生的碰撞，并合理布线。

（2）熟练掌握各种构件的放置方式，做到举一反三。

（3）选择构件后，在放置时若构件方向不对，可按键盘空格键变换构件的方向。

（4）在拖动线管与构件相连时，若选不中连接件，可按键盘"TAB"键来切换，以选中连接件。

（5）对于基于墙、基于面、基于天花板的构件，视构件情况选择链接入建筑结构模型，在墙等面上放置；或采用放置在参照平面上的方式绘制。绘制在参照平面上的好处是，通过对齐或偏移参照平面的方式将依附在该参照平面上的所有构件一次性调整标高，甚至可与斜屋顶对齐。

（6）如果在链接模型后，CAD图被遮罩住，可单击CAD底图，在"属性"＞"其他"＞"绘制图层"中将图层改为前景。

（7）灯具、应急疏散、插座等线管的材质、型号都是不同的，要按照CAD系统图选择正确的线管绘制。

（8）线管的直径（公称尺寸），按照系统图要求的尺寸绘制，在线管"属性"＞"尺寸标注"＞"直径（公称尺寸）"中改为与系统图一致的尺寸。系统中没有的尺寸可在"电气设置"中添加。

（9）注意保证线管与桥架的连接，线管与配电箱的连接，配电箱与桥架的连接。

（10）线管与构件的连接，可以在平面视图、立面视图中进行，也可在三维图中进行。在三维图中拖动"拖拽点"至构件连接件位置可完成连接。如果出现"无法生成自动布线解决方案"的报错提示，是因为预留给线管的空间不足以生成弯头或接线盒，可适当调整位置预留出足够的空间后再连接，连接后再进行微调。

2.7　电气专业插座系统

2.7.1　**任务说明**

按照办公大厦安装施工图，完成插座系统中灯具、疏散指示灯、安全出口指示灯、配电箱、线管以及电缆桥架的各项设置及绘制。

2.7.2　**任务分析**

（1）插座的放置。

（2）线管的绘制。

（3）配电箱的选择与绘制。

2.7.3 任务实施

2.7.3.1 插座绘制

（1）打开"办公大厦设备"文件。进入楼层平面"1F_插座"，单击"插入">"导入">"导入 CAD"命令，将"首层插座"CAD 图纸导入 Revit，如图 2.7-1 所示。

图 2.7-1

（2）将 CAD 底图与轴网对齐并锁定。

（3）链接进入"广联达大厦 - 建筑模型"、"广联达大厦 - 结构模型"。方法参照照明系统中的链接步骤。

（4）单击"系统">"电气">"设备">"电气设置"命令，在类型选择器下拉列表中选择"BM_单相二、三级插座"，修改限制条件。标高为"1F"，偏移量为"300"，按 CAD 图中插座位置放置，如图 2.7-2 所示。

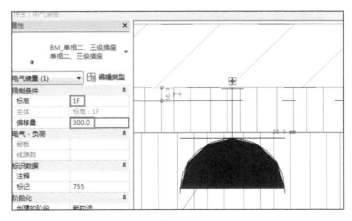

图 2.7-2

（5）以此方式将一层其他"单相二、三极插座"绘制完毕。

单击"系统">"电气">"设备">"电气设置"命令，在类型选择器下拉列表中选择"BM_单相三级插座"，修改限制条件。标高为"1F"，偏移量为"2500"，按 CAD 图中插座位置放置，如图 2.7-3 所示。

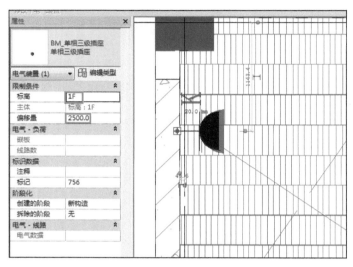

图 2.7-3

（6）以此方式将其他位置的单相三极插座绘制完毕。

单击"系统">"电气">"设备">"电气设置"命令，在类型选择器下拉列表中选择"BM_单相二、三级防水插座"，修改限制条件：标高为"1F"，偏移量为"300"，按 CAD 图中插座位置放置，如图 2.7-4 所示。

以此方式将其他位置的单相二、三极防水插座绘制完毕。

2.7.3.2 插座线管的绘制

（1）单击"系统">"电气">"设备">"电气设置"命令，在类型选择器下拉列表中选择"刚性阻燃管_PC20"，单击"编辑类型">"复制"，输入"刚性阻燃管-PC25"，如图 2.7-5 所示，单击两次"确定"，完成线管的创建。

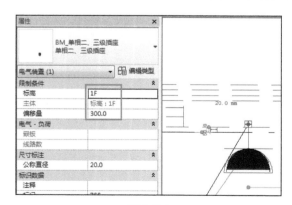

图 2.7-4

图 2.7-5

（2）修改限制条件为"1F"、"3400"，按照 CAD 中线的位置绘制如图 2.7-6 所示的"WLC3"线管，并与插座连接。线管与插座的连接可参照"照明系统"中的方法进行绘制。

（3）单击"系统" > "电气" > "线管"命令，在类型选择器下拉列表中选择"刚性阻燃管 -PC25"，修改限制条件标高为"1F"，偏移量为"3450"，按照 CAD 中线的位置绘制如图 2.7-7 所示的"WLK2"、"WLK3"线管，并与插座连接。

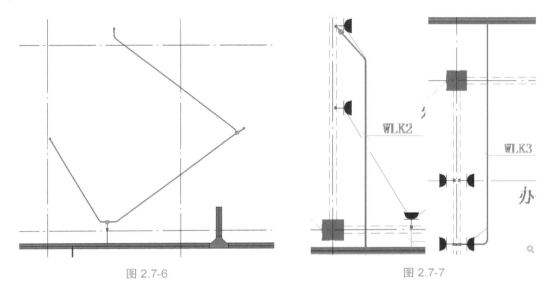

图 2.7-6　　　　　　　　　　　　　　　图 2.7-7

2.7.3.3　多根线管与配电箱的连接

（1）"AL1-1"配电箱的连接件为"表面连接件"，绘制好如图 2.7-8 所示的线管后进入三维视图。

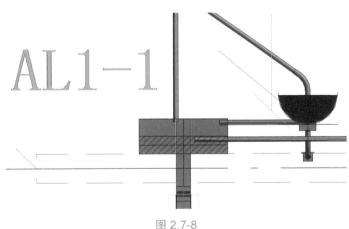

图 2.7-8

（2）在三维视图中单击要与配电箱连接的线管，对拖拽点单击鼠标右键，在弹出对话框中选择"绘制线管"命令，修改偏移量为"1800"，单击"应用"。如图 2.7-9 所示。

（3）拖动线管底端至配电箱，配电箱顶部出现如图 2.7-10 所示的高亮显示时，松开鼠标会弹出如图 2.7-11 所示设置单击"完成连接"，完成线管与配电箱的连接。

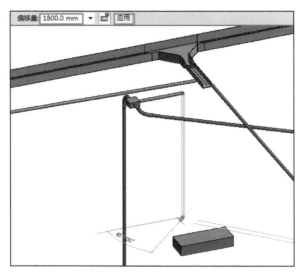

图 2.7-9

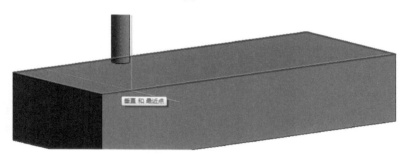

图 2.7-10

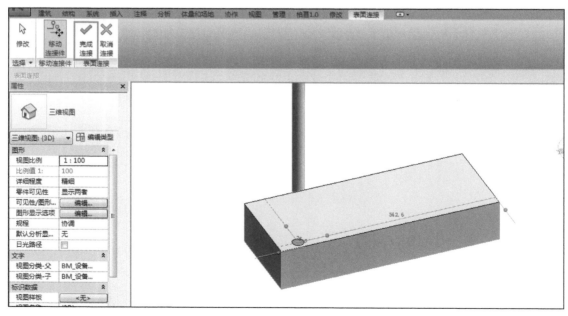

图 2.7-11

以此方式将剩余未连接线管与配电箱连接。

参照"WLC3、WLK2、WLK3"的绘制方式完成其余线管的绘制。绘制结果如图 2.7-12 所示。

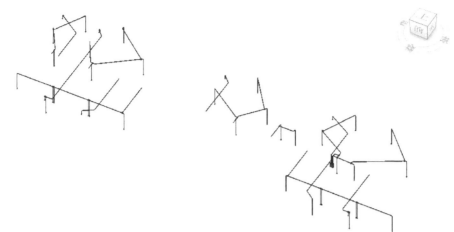

图 2.7-12

2.7.4　任务总结

（1）其他层插座系统的的绘制方式与 B1 层基本一致，要注意的是，绘制线管时要分析各线管间可能发生的碰撞，并合理布线。

（2）选择正确的线管绘制，实际线管尺寸与要求尺寸不同，则要修改为一致的尺寸，若没有需要的尺寸，则在"电气设置（ES）">"线管设置">"尺寸"中新建尺寸。

（3）注意保证线管与桥架的连接，线管与配电箱的连接，配电箱与桥架的连接。

2.8　电气专业消防系统

2.8.1　任务说明

按照办公大厦安装施工图，完成电气消防系统的感烟探测器、防火阀、各种按钮、线管的各项设置及其绘制。

2.8.2　任务分析

（1）选择线管的类型和设置线管。

（2）绘制线管。

（3）选择电气装置和放置电气装置。

（4）创建和使用过滤器。

（5）选择配电箱的类型和放置配电箱。

2.8.3 任务实施

2.8.3.1 线管的类型

（1）和电缆桥架一样，Revit 2014 中的线管也提供了两种线管管路的形式：无配件的线管和带配件的线管，如图 2.8-1 所示。

图 2.8-1

（2）管件：管件配置参数用于指定与线管类型匹配的管件。通过这些参数可以配置在线管绘制过程中自动生成的线管配件。

2.8.3.2 线管设置

（1）根据项目要求对线管进行设置。

（2）在"电气设置"对话框中定义"线管的设置"。单击"管理"选项卡 >"MEP 设置"下拉列表 >"电气设置"按钮，在"电气设置"对话框的左侧面板中展开"线管设置"，如图 2.8-2 所示。

（3）下面介绍一下线管尺寸的设置。

① 选择"线管设置" > "尺寸"选项，如图 2.8-3 所示，在右侧面板中就可以设置线管尺寸了。

② 在右侧面板的"标准"下拉列表中，可以选择要编辑的标准；这里选择 RNC Schedule40; 单击"新建尺寸"、"删除尺寸"按钮可创建或删除当前尺寸列表。

2.8.3.3 设备的添加与放置

（1）打开之前保存的"办公大厦 - 设备模型"文件，在项目浏览器中双击进入" B1_消防"。

图 2.8-2

图 2.8-3

（2）导入 CAD 图纸。

单击"插入"选项卡 >"导入 CAD"按钮，选择"地下一层消防平面图"，按之前相同设置即可。切记，导入 CAD 后将其与项目轴网对齐并锁定。

（3）感烟探测器的放置。

① 双击进入东立面，单击"建筑">"工作平面">"参照平面（RP）"按钮，绘制如图 2.8-4 所示的参照平面，并将该参照平面命名为"B1_ 天花板平面"，设置参照平面高度为 3000。

② 单击"系统"选项卡 >"电气">"设备"选项卡下的"电气装置"按钮，选择"BM_ 火灾感烟探测器"选项，确定类型。单击"放置"面板中的"放置在工作平面上"命令，在弹出的"工作平面"，对话框中，点击"拾取一个平面"并"确定"，如图 2.8-5 所示。单击选择绘制的"B1_ 天花板平面"，在弹出的"转到视图"对话框中选择"楼层平面：BF1_ 消防"并单击"打开视图"，在弹出的楼层平面中即可按照 CAD 底图进行放置。过程如图 2.8-6 所示。

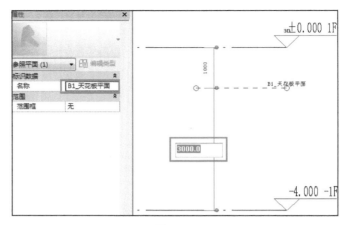

图 2.8-4

图 2.8-5

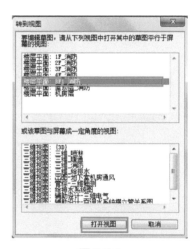

图 2.8-6

（4）报警电话的放置。

① 链接结构模型，双击进入楼层平面"B1_消防"视图，单击"插入"＞"链接Revit"按钮，在弹出的对话框中选择"广联达大厦 - 结构模型"，"定位"选择"自动 - 原点到原点"，单击"打开"，结构模型将被链接，如图 2.8-7 所示。

② 同理，将建筑模型链接进去即可。

③ 单击"系统"选项卡＞"电气"＞"设备"选项卡下"火警"按钮，选择"BM_报警电话分机"选项，确定类型，并设置里面高度为 1200。进入"B1_消防"，单击"放置在垂直面上"命令，按照 CAD 底图进行放置即可。过程结果如图 2.8-8 所示。

（5）手动报警按钮（带电话插口）。

"手动报警按钮"的放置与"报警电话"的放置方式相同。单击"系统"选项卡＞"电气"＞"设备"选项卡下"火警"按钮，选择"BM_带电话插孔的手动报警按钮"选项，确定类型，并设置立面高度为 1500，如图 2.8-9（a）所示。放置结果如图 2.8-9（b）所示。

图 2.8-7

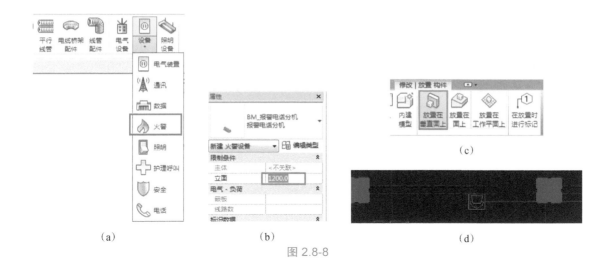

（a） （b） （c）

（d）

图 2.8-8

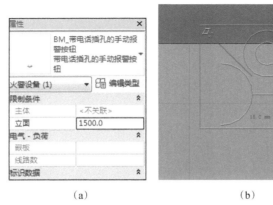

（a） （b）

图 2.8-9

（6）70℃防火阀。

双击进入楼层平面"B1_消防"，单击"系统">"HVAC">"风管附件"按钮，"属性"对话框中选择"BM_70°防火阀-矩形-不锈钢"选项，并按照CAD底图进行放置，如图2.8-10（a）所示。放置后选择该附件，按空格键或单击"旋转"图标可改变其方向，放置结果如图2.8-10（b）所示。

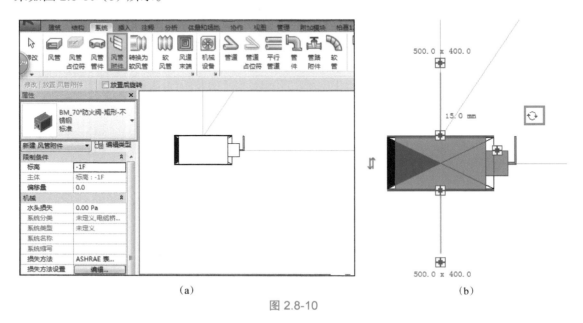

（a）　　　　　　　　　　　　　　　　　　　　　　（b）

图 2.8-10

2.8.3.4　线管的绘制

在平面图、立面图、剖面图和三维视图中均可绘制水平、垂直和倾斜的线管。

（1）基本操作。

进入线管绘制模式的方式有以下几种：

① 单击"系统"选项卡>"电气">"线管"按钮，如图2.8-11所示。

图 2.8-11

② 或者，选择绘图区域已布置的构件族的线管连接件，单击鼠标右键，在弹出的快捷菜单中选择"绘制线管"命令，或快捷键（CN）。如图2.8-12所示。

（2）线管的弯头、三通、四通绘制。

在线管弯头的绘制状态下，在弯头处直接改变方向，在改变方向的地方会自动生成弯头。单击"线管"按钮，输入直径与偏移量，绘制线管，把鼠标移动到线管合适位置的中心处，单击确定线管的起点，再次单击确定线管的终点，在主管与支管的连接处会自动生成三通。单击三通会出现"＋"，单击此"＋"号会自动生成四通。如图2.8-13所示。

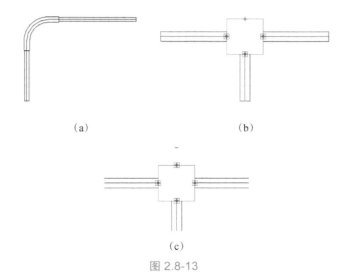

(a)　　　　　　　　　　　　　　　　(b)

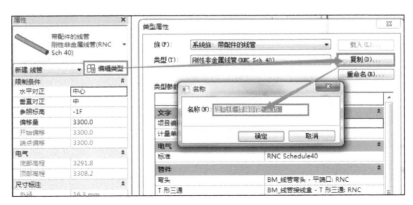

(c)

图 2.8-12　　　　　　　　　　　　　　图 2.8-13

（3）线管的绘制按上述方法绘制即可。

① 单击"系统"选项卡 >"电气">"线管"按钮，或使用快捷键 CN，在"类型属性"里面选择"带配件的线管"，并以此为基础复制新的线管类型。如图 2.8-14 所示。

图 2.8-14

② 同理，结合 CAD 图纸，复制新建其他类型的线管，分别为"启泵硬接线 - 焊接钢管 -SC15""电话线 - 焊接钢管 -SC15"。如图 2.8-15 所示。

图 2.8-15

③ 在线管"属性"对话框中选择刚新建的线管类型，并设置在"修改 / 放置线管"选项栏的"直径"为"15"，"偏移量"为"3200"。如图 2.8-16 所示。

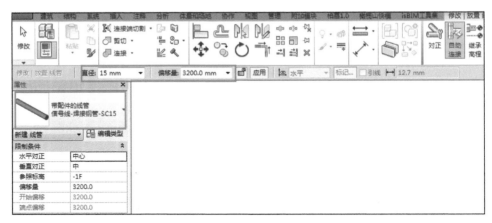

图 2.8-16

④ 单击以确定线管的起点位置，再次单击确定线管的终点位置，并与感烟探测器连接，此时完成线管的绘制，如图 2.8-17 所示。

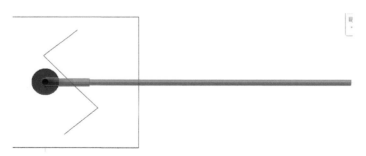

图 2.8-17

⑤ 修改"视图控制栏"中的详细程度为"精细"，"模型图形样式"为"线框"，并使用"对齐命令"或 AL，使线管的中心线与 CAD 图纸中线管的中心线对齐。如图 2.8-18 所示。

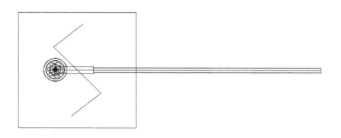

图 2.8-18

⑥ 或者，选择绘图区域的"感烟探测器"的线管连接件，单击鼠标右键，在弹出的快捷菜单中选择"绘制线管"命令，完成线管绘制。过程如图 2.8-19 所示。

图 2.8-19

⑦ 选择刚绘制的线管所生成的"线管弯头"，并单击"＋"，自动生成所需的三通，选择三通上面的线管连接件，继续绘制线管，如图 2.8-20 所示。

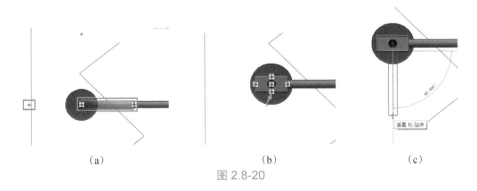

|(a)|(b)|(c)|

图 2.8-20

⑧ 按照上述方法绘制剩余线管，"B1_ 消防"绘制结果如图 2.8-21 所示。

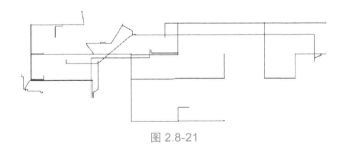

图 2.8-21

"1F"楼层平面与以上类似绘制即可，2 ～ 4 层相同，其他层复制上去即可。

2.8.3.5　线管颜色设置

线管颜色的设置是为了在视觉上区分系统线管和各种附件，因此需要设置颜色进行区分。进入楼层平面 -1F，直接键入快捷键"VV"或"VG"，进入"可见性 / 图形替换"对话框，打开"过滤器"选项卡，如图 2.8-22 所示。

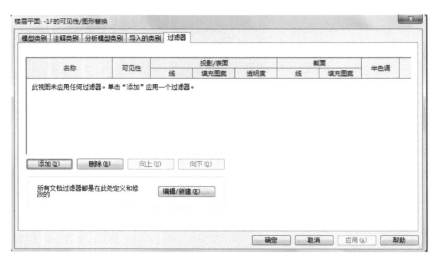

图 2.8-22

由于系统自带的过滤器中没有所需系统，则需要自定义，具体步骤如下：

（1）单击"楼层平面：-1F 的可见性 / 图形替换"对话框中的"添加"按钮，打开"添加过滤器"对话框，单击"编辑 / 新建"按钮，打开"过滤器"对话框，单击"新建"按钮，打开"过滤器名称"对话框，将其定义为"电气消防系统"，如图 2.8-23 所示。

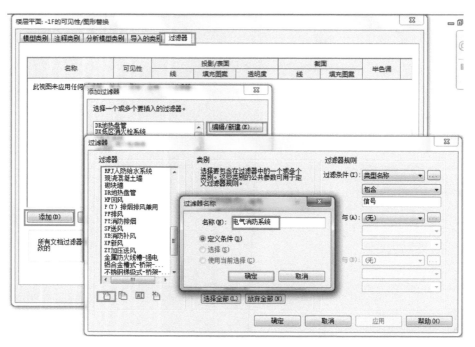

图 2.8-23

（2）设置过滤条件。在"类别"区域中勾选"线管""线管配件"，在"过滤条件"中选择"类型名称"、"包含"、"信号"选项，如图 2.8-24 所示。完成后单击"确定"按钮。

图 2.8-24

（3）使用相同的方法再创建两个"电气消防系统 2，电气消防系统 3"的过滤条件，如图 2.8-25 所示，完成后单击"确定"按钮。

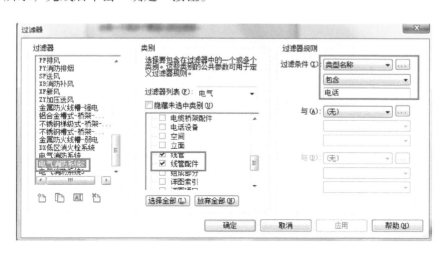

图 2.8-25

（4）在"添加过滤器"对话框中选择"电气消防系统"、"电气消防系统 2""电气消防系统 3"，单击"确定"按钮，完成过滤器的添加。

（5）如图 2.8-26 所示，过滤器中增加了刚才添加到的过滤器。勾选的选项待设置完成后会被着色，此时线管和线管附件会被着色。单击"投影 / 表面"下的"填充图案"，按如图 2.8-27 所示进行设置，设置完成后单击两次"确定"按钮。

（6）单击"确定"按钮，回到平面视图，显示如图 2.8-28 所示。

（7）同样修改其他两个系统的颜色，如图 2.8-29 所示。

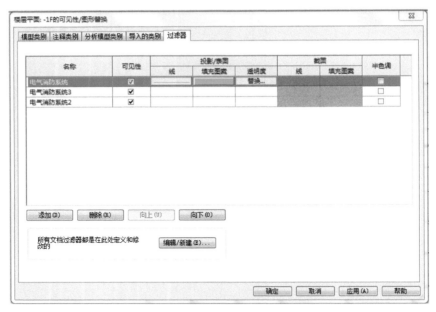

图 2.8-26

图 2.8-27

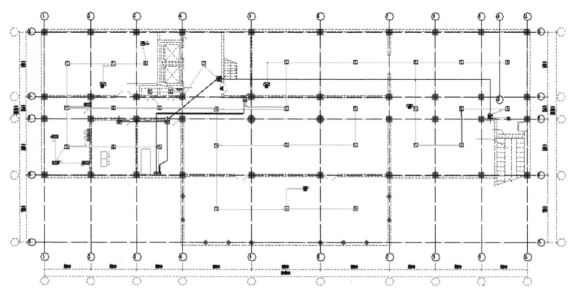

图 2.8-28

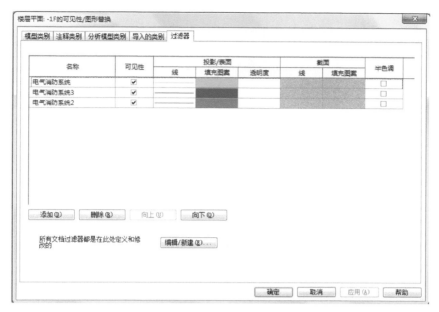

图 2.8-29

绘制结果如图 2.8-30 所示。

图 2.8-30

2.8.4 任务总结

（1）模型链接进去后，用对齐（AL）或移动（MV）命令，将模型的标高与轴网与样板的标高和轴网相对应并锁定，这里用对齐命令即可。

（2）在项目浏览器中，展开"族"搜索，所需的族直接拖拽到绘图区域进行绘制。

第 3 章

施工图出图

3.1 水专业出图

3.1.1 任务说明

给水专业中模型构件进行标注，给管道、管路附件等进行定位，最后完成整张图纸。

3.1.2 任务分析

（1）给排水及消防管道的标记。

（2）管路附件的标记。

3.1.3 任务实施

3.1.3.1 地下一层给排水及消防图

（1）消防管标注。

① 在"项目浏览器"中双击进入"B1F_给排水及消防"楼层平面。如图 3.1-1 所示。

图 3.1-1

② 进入"注释"选项卡，单击"标记"选项卡中的"按类别标记"工具。如图 3.1-2 所示。

图 3.1-2

③ 移动鼠标到需要标记的管道进行标记。标记后取消引线，如图 3.1-3 所示。

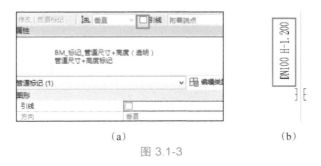

（a）　　　　　　　　（b）

图 3.1-3

（2）防水套管标注。

① "管路附件"的标记。进入"注释"选项卡，单击"标记"选项卡中的"按类别标记"工具。如图 3.1-4 所示。

图 3.1-4

② 移动鼠标，单击需要标记的"管路附件"进行标记，如图 3.1-5 所示。

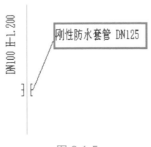

图 3.1-5

（3）"引入管"的标记。

① 进入"注释"选项卡，单击"详图"面板中的"构件"工具。如图 3.1-6 所示。

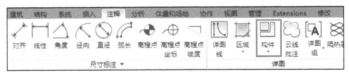

图 3.1-6

② 打开"属性"对话框，选择"构件"类型，如图 3.1-7 所示：

③ "详图（管道标记）"放置后如图 3.1-8 所示。

图 3.1-7

图 3.1-8

④ 在"详图（管道标记）"中添加文字。进入"注释"选项卡，单击文字面板中的"文字"工具。如图 3.1-9 所示。

图 3.1-9

⑤ 在"详图（管道标记）"符号处单击鼠标左键，输入标记文字，第一行输入 X，回车键转至第二行输入 1。调整文字置"详图符号"中，如图 3.1-10 所示。

图 3.1-10

⑥ 其他引入管道的标记，可以复制此"详图索引"后修改文字。

（4）"管道缩写"的标注。

① 进入"注释"选项卡，单击"标记"选项卡中的"按类别标记"工具。如图 3.1-11 所示：

图 3.1-11

② 移动鼠标到需要标记的管道进行标记，如图 3.1-12 所示。

③ 移动标记至管道上，完成后如图 3.1-13 所示。

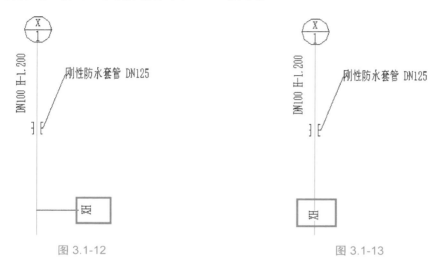

图 3.1-12   图 3.1-13

（5）立管的标注。

① 进入"注释"选项卡单击"标记"选项卡中的"按类别标记"工具。如图 3.1-14 所示。

图 3.1-14

② 对立管进行标记，标记后修改标记类型如图 3.1-15 所示。

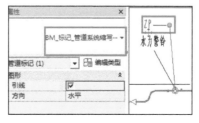

图 3.1-15

③ 进入"柏慕 1.0"选项卡，单击"查看或编辑柏慕属性"工具。如图 3.1-16 所示。

图 3.1-16

④ 设置"实例参数"中的立管编号为 PL-1，如图 3.1-17 所示。

⑤ 修改完成后如图 3.1-18 所示。

图 3.1-17

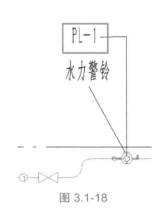

图 3.1-18

⑥ 继续标记"给排水系统"，标记方法同上，不再一一赘述。"B1F_ 给排水及喷淋"标记完成后如图 3.1-19 所示。

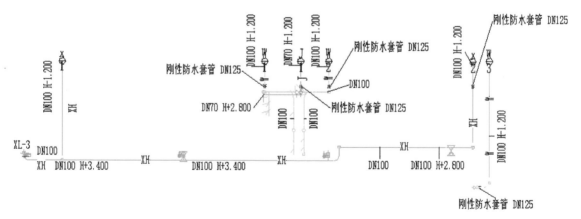

图 3.1-19

⑦ 其他层的标注，标注方法同上，不再赘述。

3.1.3.2 喷淋图

（1）喷淋管标注。

① 在"项目浏览器"中双击进入"B1F_ 喷淋"楼层平面，如图 3.1-20 所示。

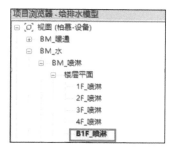

图 3.1-20

② 进入"注释"选项卡，单击"标记"面板中的"按类别标记"工具。如图 3.1-21 所示。

图 3.1-21

③ 移动鼠标到需要标记的管道进行标记。标记后修改标记类型并取消引线，如图 3.1-22 所示。

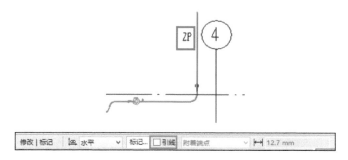

图 3.1-22

④ 选择标注"管径及管道高度"，标记族类型，如图 3.1-23 所示。

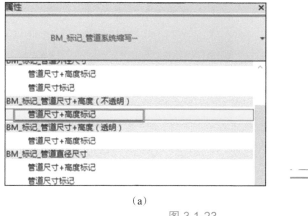

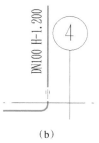

（a）   （b）

图 3.1-23

（2）"刚性防水套管"的标记。

① 进入"注释"选项卡，单击"标记"面板中的"按类别标记"工具。如图 3.1-24 所示：

图 3.1-24

② 移动鼠标对刚性防水套管进行标记，这里需要添加引线，标记后如图 3.1-25 所示。

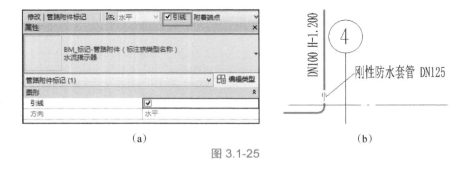

（a）   （b）

图 3.1-25

（3）"水力警铃"的标记。

标记方法同刚性防水套管。

在传统 CAD 绘图模式的俯视图中，立管上的设备常绘制在所处位置旁，而无法表现其所处的真实位置，而在 Revit 三维绘图软件中，可以清晰地表现立管及管路附件，可以加深对设计的理解。

进入"注释"选项卡，单击"标记"面板中的"按类别标记"工具，如图 3.1-26 所示。

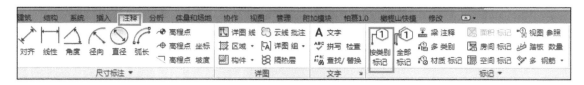

图 3.1-26

单击"水力警铃"标记，如图 3.1-27 所示。

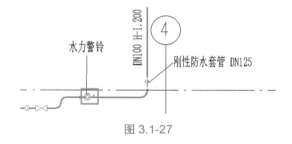

图 3.1-27

（4）"引入管"的标记。

① 进入"注释"选项卡，单击"详图"面板中的"构件"工具。如图 3.1-28 所示。

图 3.1-28

② 打开"属性"对话框，选择"构件"类型，如图 3.1-29 所示。

③ 在如图 3.1-30 所示位置放置"详图（管道标记）"。

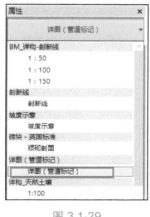

图 3.1-29

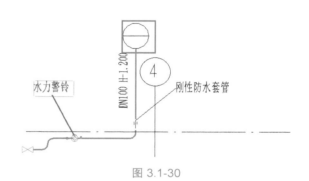

图 3.1-30

④ 在详图索引符号中添加文字。进入"注释"选项卡，单击文字面板中的"文字"工具。如图 3.1-31 所示。

图 3.1-31

⑤ 在"详图（管道标记）"符号处单击鼠标左键，输入标记文字，第一行输入 p，回车键转至第二行，输入 1，如图 3.1-32 所示。

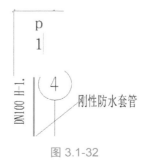

图 3.1-32

⑥ 调整文字置"详图符号"中，如图 3.1-33 所示。

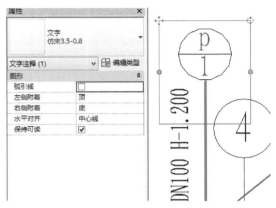

图 3.1-33

⑦ 其他引入管道的标记，可以复制此"详图索引"后修改文字。

（5）"立管"的标记。

① 进入"注释"选项卡，单击"标记"面板中的"按类别标记"工具，如图 3.1-34 所示。

图 3.1-34

② 对立管进行标记，标记后修改标记类型，如图 3.1-35 所示。

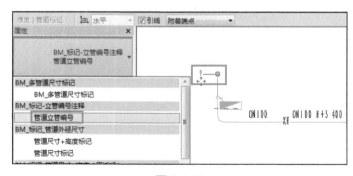

图 3.1-35

③ 进入"柏慕 1.0"选项卡，单击"查看或编辑柏慕属性"工具。如图 3.1-36 所示。

图 3.1-36

④ 设置"实例参数"中的立管编号为 XL-3，如图 3.1-37 所示。

图 3.1-37

⑤ 修改完成后如图 3.1-38 所示。

（6）管道尺寸标记。

① 因为"标记符号"具有自动识别的属性，为提升标记效率，可先标记管道，如图 3.1-39 所示。

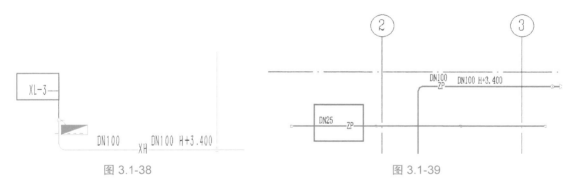

图 3.1-38　　　　　　　　　　　　　　图 3.1-39

② 然后选中"管径"标记，运用"复制"命令，放置识别 DN32 的管道，识别后如图 3.1-40 所示。

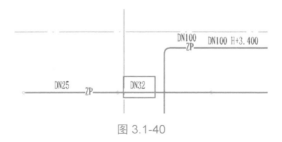

图 3.1-40

③ 应用标记的自动识别性，选中左面的"管径及系统"标记，运用"镜像"命令，生成右部标记，标记后做适当调整，如图 3.1-41 所示。

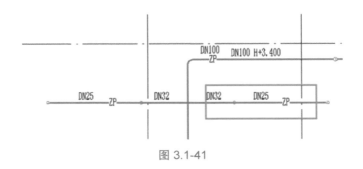

图 3.1-41

④ 至此完成"B1-F 喷淋"层的标注,完成后调节显示比例,如图 3.1-42 所示。

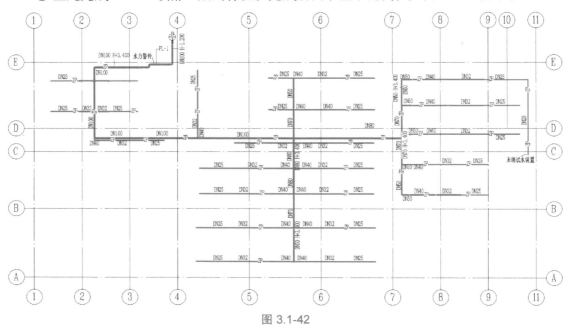

图 3.1-42

其他层的标注,标注方法同上,不再赘述。

3.1.4　任务总结

（1）标记喷淋引入管时文字设置要与"详图（管道标记）"相匹配。

（2）注意标记类型的选择,相应的构件选择相应的标记类型。

3.2　暖专业出图

3.2.1　任务说明

给暖通中模型构件进行标注,给风管和管道等进行定位,最后完成整张图纸。

3.2.2 任务分析

（1）管道的标注。

（2）散热器的标注。

（3）风管尺寸及高度的标注。

（4）风道末端及机械设备的标注。

3.2.3 任务实施

3.2.3.1 采暖出图

（1）管道的标注。

① 在"项目浏览器"单击选中"4F-暖通"平面图。单击"注释"选项卡下的"标记"面板中的"按类别标记"工具，或使用快捷键 TG，如图 3.2-1 所示。

图 3.2-1

② 先放置到需标注的风管上，然后在属性面板中选择，选择"BM_标记_管道直径尺寸-右下"。如图 3.2-2 所示。

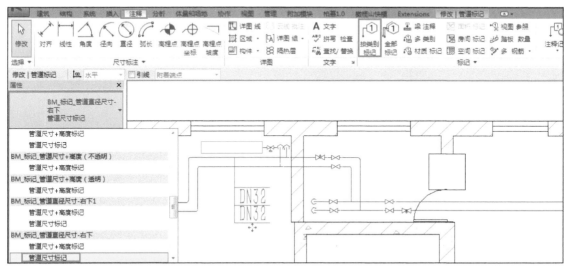

图 3.2-2

同样的方法把其余需要标注的横管标注完成。

③ 接下来标注管道系统。单击"注释"选项卡下的"标记"面板中的"按类别标记"工具，选择"BM_标记_管道系统缩写"。如图 3.2-3 所示。

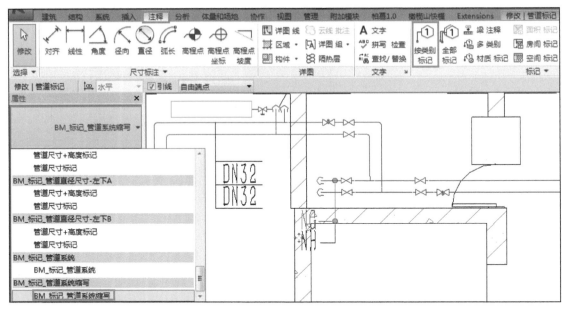

图 3.2-3

④ 竖向的管道标注。单击"注释"选项卡下的"标记"面板中的"按类别标记"工具，选择"BM_ 标记 _ 管道直径尺寸 - 右下"，如图 3.2-4 所示。

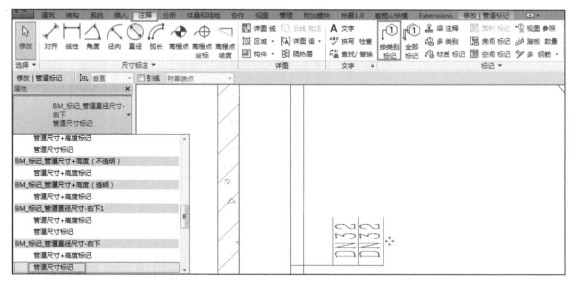

图 3.2-4

（2）立管的标注。

① 单击"注释"选项卡下的"标记"面板中的"按类别标记"工具，放在需要标注的立管上面，在属性选项卡中选择"BM_ 标记 - 立管编号注释"，如图 3.2-5 所示。

② 鼠标左击"?"号，输入该立管的编号。如图 3.2-6 所示。

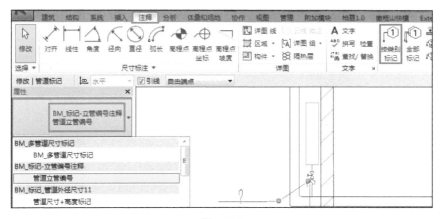

图 3.2-5

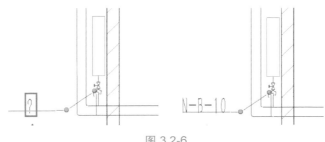

图 3.2-6

③ 添加管道标记时，选项栏中"引线"（图 3.2-7），根据需要勾选，区别如图 3.2-8 所示。

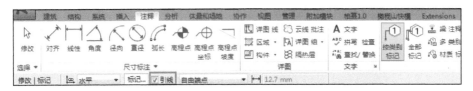

图 3.2-7

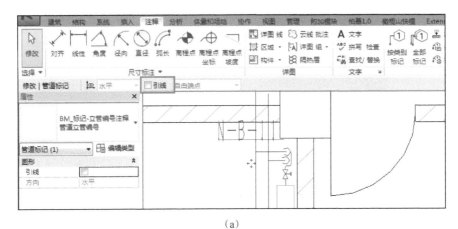

（a）

图 3.2-8

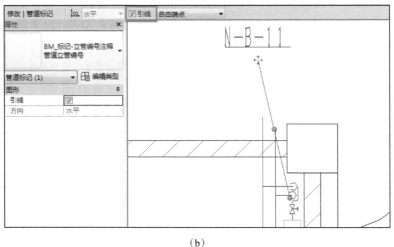

（b）

图 3.2-8

④ 拖拽两个拖拽点，达到想要的效果，如图 3.2-9 所示。

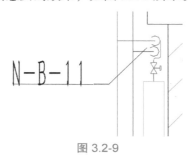

图 3.2-9

（3）散热器的标注。

① 单击"注释"选项卡下的"标记"面板中"按类别标记"工具，放在需要标注的立管上面，在属性选项卡中选择"BM_ 标记 - 散热器片数标记"，如图 3.2-10 所示。

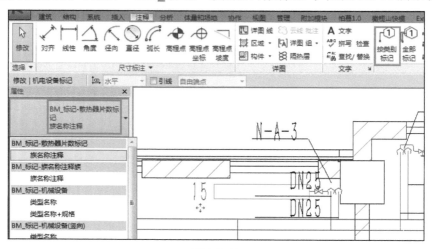

图 3.2-10

同样的方法，将其他的散热器进行标记。

② 管道高度标注使用标记族，如图 3.2-11 所示，选择"注释"选项卡下，"标记"面板中"按类别标记"。选择相应的管道即可自动标注管道的高度。如图 3.2-12 所示。

图 3.2-11

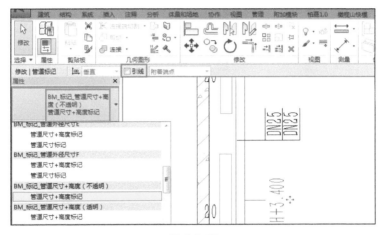

图 3.2-12

3.2.3.2 通风出图

（1）尺寸标注

① 进入"B1F_暖通"平面图，单击"注释"选项卡下的"尺寸标注"面板中的"对齐"命令，选择"3.5-长仿宋-0.8（左下）"，对构件的位置进行相应的标注，如图 3.2-13 所示。

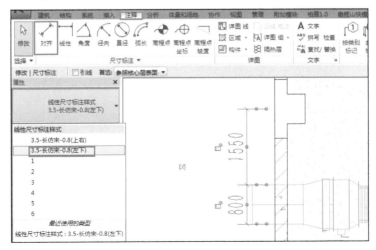

图 3.2-13

② 风管尺寸的标注使用标记族，如图3.2-14所示，选择"注释"选项卡下的"标记"面板中的"按类别标记"，选择相应的风管即可自动标注风管尺寸，如图3.2-15所示。

图 3.2-14

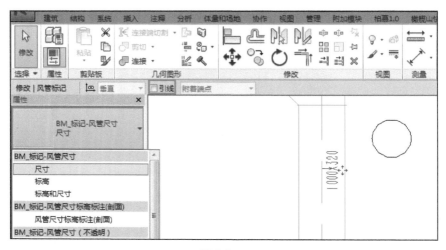

图 3.2-15

③ 风管标高的标注，选择"BM_标记-风管尺寸-标高"如图3.2-16所示。

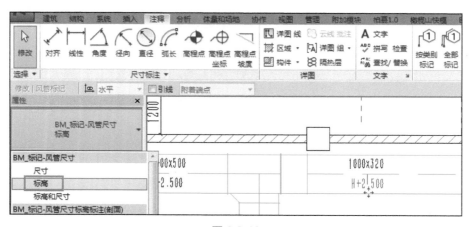

图 3.2-16

（2）风道末端及机械设备标注。

① 对于风道末端及机械设备等，相应的类别有相应的标记族，使用方法与风管尺寸标

记族相同。如图 3.2-17 所示为风道末端单层百叶风口的类型标记。

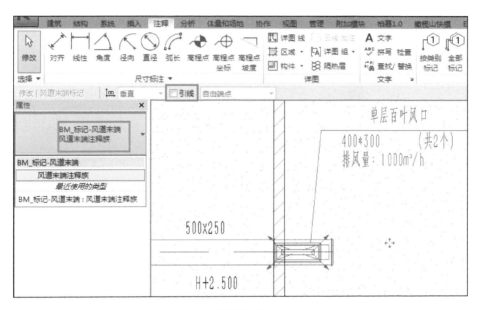

图 3.2-17

② 机械设备板式排烟口及采暖热力入口装置标注与单层百叶风口标记相同，如图 3.2-18、图 3.2-19 所示。

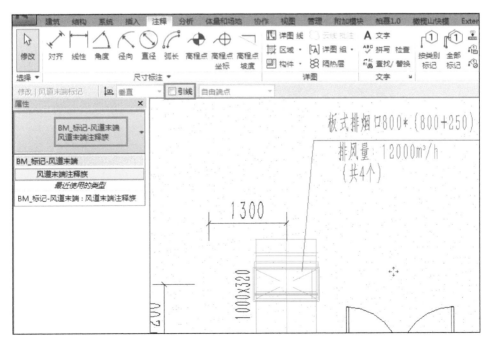

图 3.2-18

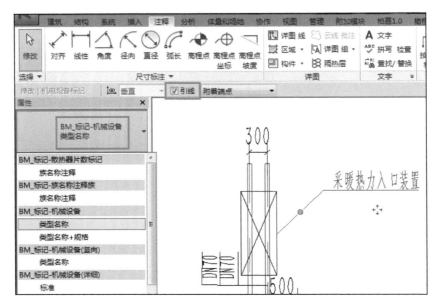

图 3.2-19

③ 机械设备族一般需要标注型号及相关参数。如果采用标记族标记，首先需要在族中输入相关的参数，如图 3.2-20 所示。参数信息完善之后直接采用标记族进行标记，如图 3.2-21 所示。

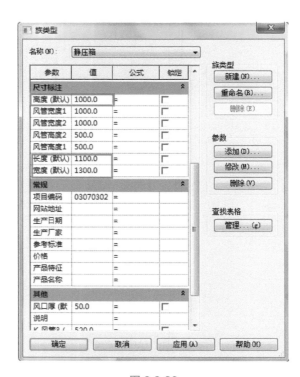

图 3.2-20

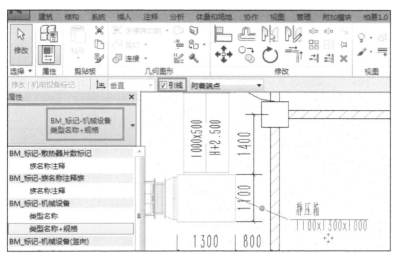

图 3.2-21

④ 排风机送风机类型标记如图 3.2-22 所示。

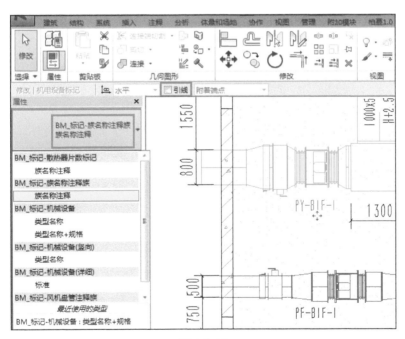

图 3.2-22

添加一张出图总图。

3.2.4 **任务总结**

风管尺寸标注的位置不适合时刻手动调整。

3.3 电专业出图

3.3.1 任务说明

给电气中模型构件进行标注，给灯具、开关、插座等进行定位，最后完成整张图纸。

3.3.2 任务分析

（1）为线管线路命名。
（2）为配电箱、专有配电、控制箱命名。

3.3.3 任务实施

线路命名如下：
（1）单击"注释" > "详图" > "详图线（DL）"，绘制如图 3.3-1 所示的注释引线。

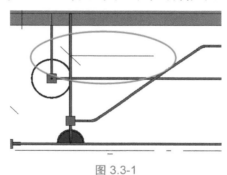

图 3.3-1

（2）单击"注释">"文字">"文字（TX）"，在如图 3.3-2 所示位置单击并输入"WLZ1"，单击空白处完成文字的添加。按键盘两下"ESC"，退出文字添加，单击添加好的文字，拖动文字左上角移动符号，将文字移动到恰当位置。箭头所指为移动后的位置。

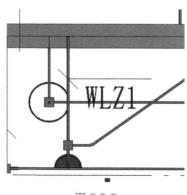

图 3.3-2

（3）以此方式将各线管添加上相应的文字。结果如图 3.3-3 所示。

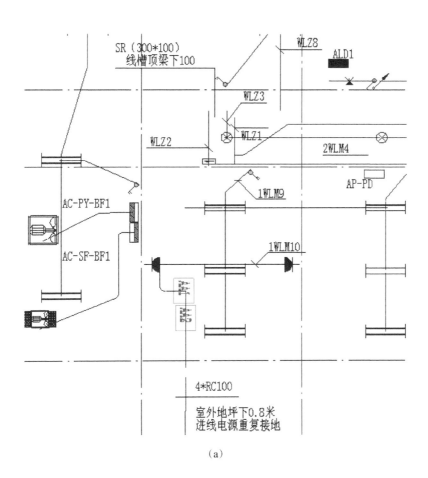

(a)

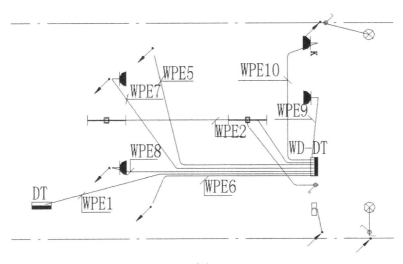

（b）

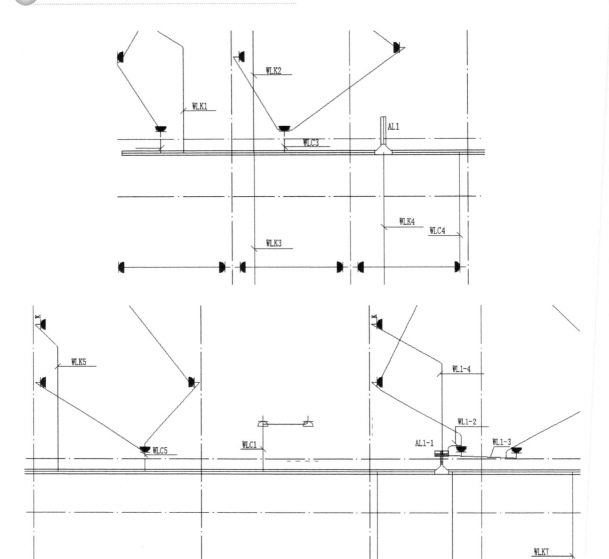

（c）

图 3.3-3

第 **4** 章

BIM 审图

4.1 Revit 插件导出

4.1.1 任务说明

把 Revit 的模型通过楼层、构件匹配后，导出成 BIM 审图可用的交互文件。

4.1.2 任务分析

Revit 插件主要包括：

（1）导出楼层设置。

（2）导出构件匹配。

（3）导出模型。

4.1.3 任务实施

4.1.3.1 导出楼层设置

（1）在 Revit 的附加模块下，单击 BIM 审图插件中的"导出 IGBC"，如图 4.1-1 所示。

图 4.1-1

（2）将其另存为文件"办公大厦给排水模型 revit.igbc"，如图 4.1-2 所示。

（3）BIM 审图插件中会自己读取 Revit 项目内的楼层信息，我们把需要导出的楼层勾选上，从而匹配我们的工程项目。如图 4.1-3 所示。

图 4.1-2

4.1.3.2　导出构件设置

插件已经把常用的构件对应到相应的构件类型中，针对特定的项目，我们需要对右侧未能识别的 Revit 图元进行简单的处理，拖动构件到左侧相应的构建类型下。

对于不需要导出的构件删除即可。如图 4.1-4 所示。

图 4.1-3　　　　　　　　　　　　　　　　　　　　图 4.1-4

4.2 碰撞检查

4.2.1 任务说明

把导出的各专业模型整合到 BIM 审图软件中，做多专业的碰撞检查。

4.2.2 任务分析

碰撞检查主要包括：

（1）模型整合。

（2）硬碰撞检查。

（3）间隙碰撞检查。

（4）碰撞结果查看。

4.2.3 任务实施

4.2.3.1 模型整合

（1）单击导入模型，运行"导入模型"功能。

（2）在打开模型文件窗口选择需要导入的模型，可以单选，也可以多选，如图 4.2-1 所示。

图 4.2-1

4.2.3.2 硬碰撞检查

（1）选择楼层。

在导航条上单击"选择楼层"，在窗口内勾选需要进行检查的 1F 层，如果要跨层检查，需要输入标高段来确定一个空间范围，如图 4.2-2 所示。

图 4.2-2

（2）选择专业。

进行空调专业是否会与土建发生碰撞的检测，在导航条上单击"选择专业"，在左右列勾选要进行检查的土建和通风专业，选择硬碰撞，点击"开始碰撞"按钮。如图 4.2-3 所示。

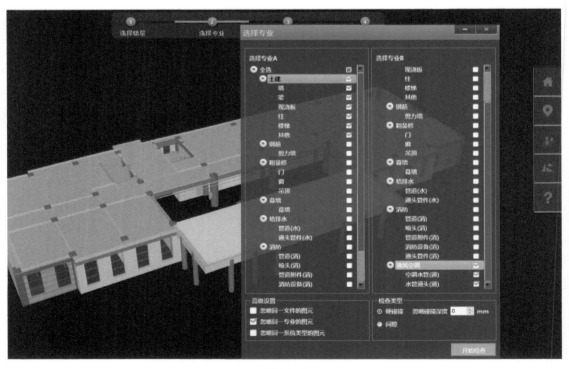

图 4.2-3

（3）得出碰撞结果，如图4.2-4所示。

图4.2-4

4.2.3.3 间隙碰撞检查

（1）选择楼层。

在导航条上单击"选择楼层"，在窗口内勾选需要进行检查的1F层，如果要跨层检查，需要输入标高段来确定一个空间范围，如图4.2-5所示。

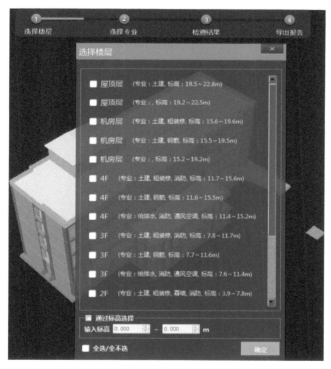

图4.2-5

（2）选择专业。

下面我们要检查消防和墙之间间距是否满足100mm，在导航条上单击"选择专业"，在左右列勾选要进行检查的消防和墙，选择间隙碰撞，填入数值100点击"开始碰撞"按钮。如图4.2-6所示。

得出碰撞结果如图4.2-7所示。

4.2.3.4 碰撞结果查看

（1）在导航条上单击"碰撞结果"，模型里红色图元为发生碰撞的图元，水滴标记为碰撞点，鼠标在图元上经过时会显示该图元的所有碰撞的水滴标记。如图4.2-8所示。

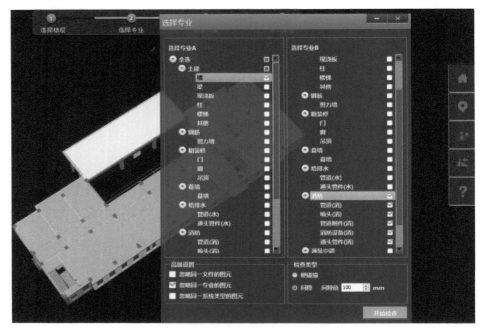

图 4.2-6

图 4.2-7

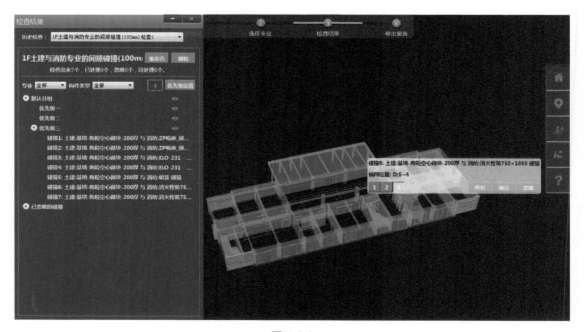

图 4.2-8

（2）单击水滴标记，在碰撞信息窗口，点击"查看"按钮，会弹出"碰撞点查看"窗口，可以在窗口对该碰撞点进行浏览和标记。如图4.2-9所示。

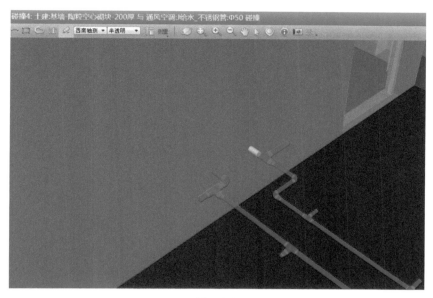

图 4.2-9

（3）分析完碰撞，可以在列表内对结果进行分组：点击"添加碰撞分组"按钮，或在碰撞列表处右键单击，选择"添加分组"。可在列表内批量选择碰撞结果，拖动到新分组。如图4.2-10所示。

图 4.2-10

4.3 修改、复查

4.3.1 任务说明

把碰撞的问题返回到 Revit 中进行修改，然后返回到 BIM 审图软件中进行复查。

4.3.2 任务分析

修改复查主要包括：

（1）碰撞结果返回 Revit。

（2）返回 BIM 审图中复查。

4.3.3 任务实施

4.3.3.1 碰撞结果返回 Revit

（1）Revit 软件打开要修改的工程，在碰撞结果视图下，点击"返回建模软件查看"，如图 4.3-1 所示。

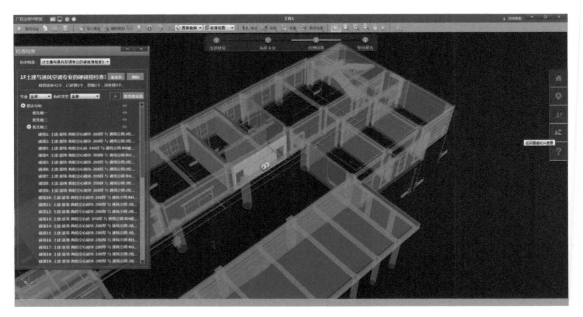

图 4.3-1

（2）切换到 Revit 软件中，点击附加模块下的"碰撞结果查看"，在碰撞结果列表内双击可定位到该图元。如图 4.3-2 所示。

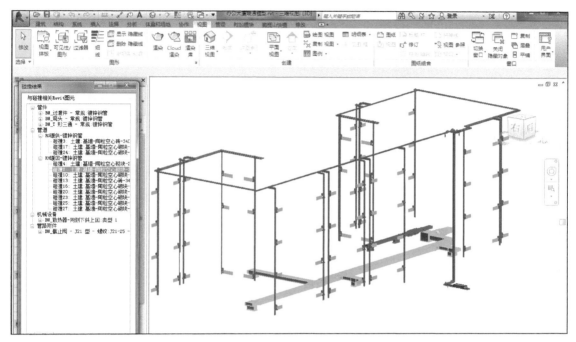

图 4.3-2

4.3.3.2　返回 BIM 审图中复查

（1）打开 BIM 审图的工程，在 Revit 中修改模型后，点击附加模块下的"重新查看"，软件会自动把新修改的图元导出。如图 4.3-3 所示。

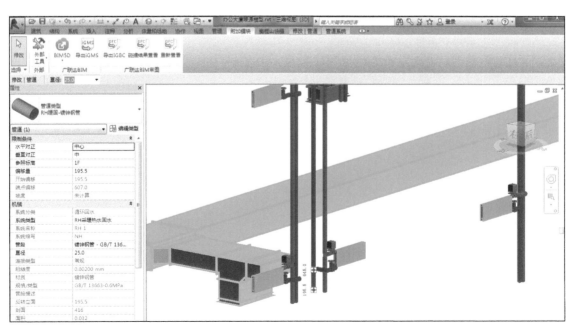

图 4.3-3

（2）切换到 BIM 审图软件中点击"检查结果"，列表内显示的是重新检查的结果。如图 4.3-4 所示。

注：绿色为已解决，红色为新增，橙色为修改后未减少。

图 4.3-4

4.4 其他检查

4.4.1 任务说明

根据设计要求或甲方标准，把整合后的模型，做空间和规范类的检查。

4.4.2 任务分析

其他检查主要包括：
（1）房间净高检查。
（2）吊顶高度检查。
（3）楼梯规范检查。

4.4.3 任务实施

4.4.3.1 房间净高检查

点击"房间净高"按钮，在净高设置窗口，选择楼层或标高段，各房间最低点标高在模型上显示。如图 4.4-1 所示。

在模型上用鼠标左键点击要查看的房间，弹出房间查看窗口，最低点图元在模型上显示标高。如图 4.4-2 所示。

4.4.3.2 吊顶高度检查

点击"吊顶高度检查"按钮，在吊顶高度检查窗口，选择要检查的楼层/标高段，指定吊顶高度，选择检查范围，点击"开始检查"按钮。如图 4.4-3 所示。

模型上红色图元显示为不满足吊顶标高的图元，点击该图元的水滴标记，弹出查看窗口。如图 4.4-4 所示。

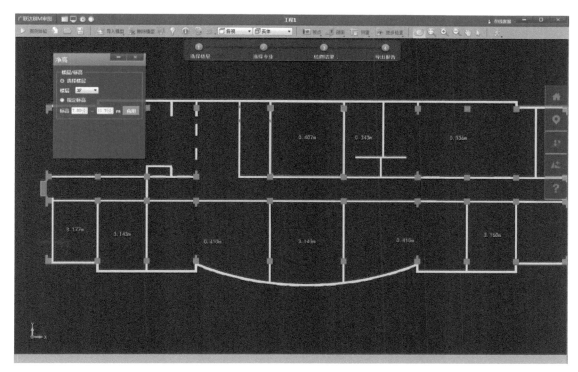

图 4.4-1

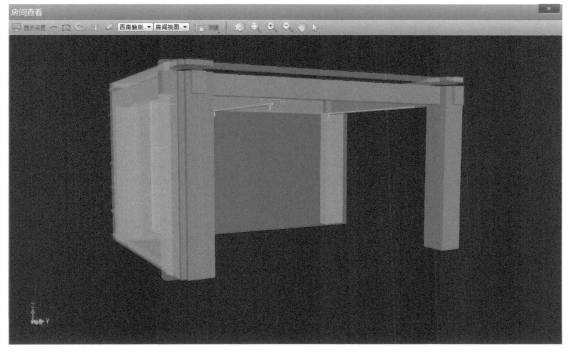

图 4.4-2

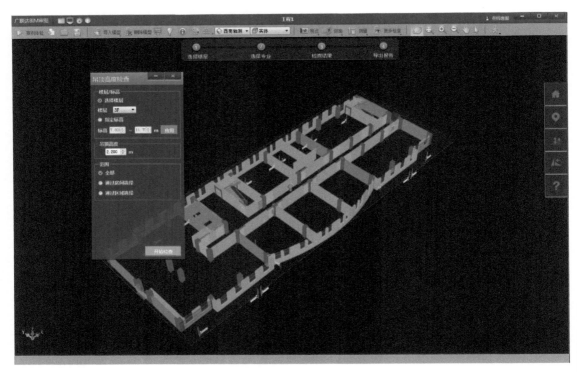

图 4.4-3

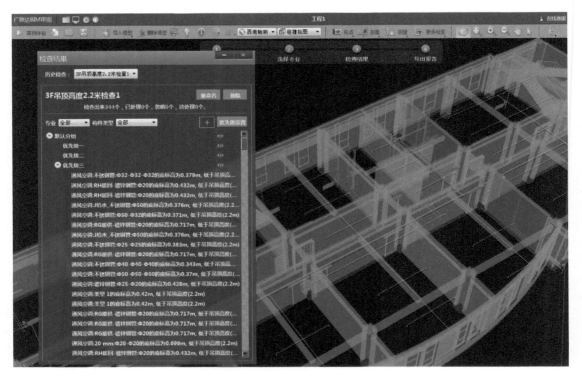

图 4.4-4

4.4.3.3　楼梯规范检查

点击"楼梯规范检查"按钮，在楼梯规范检查窗口，选择要检查的楼层/标高段，选择要检查的类型，点击"开始检查"按钮。如图 4.4-5 所示。

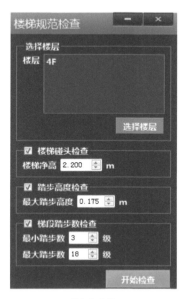

图 4.4-5

模型上红色图元显示为不满足楼梯规范的图元，点击该图元的水滴标记，弹出查看窗口。

4.5　导出报告

4.5.1　任务说明

把所有的检查结果和视点导出成 HTML 或 EXCEL 格式文件，方便查阅。

4.5.2　任务分析

其他检查主要包括导出报告。

4.5.3　任务实施

房间净高检查如下：

（1）点击"导出报告"按钮，在弹出的"导出报告"窗口，选择要导出的碰撞结果和视点，选择报告的形式，点击"导出"。如图 4.5-1 所示。

图 4.5-1

（2）在弹出的"保存碰撞检查结果"窗口，选择要保存的路径及名称，点击"保存"。如图 4.5-2 所示。

图 4.5-2

（3）在保存的相应位置，可以打开碰撞、视点的报告。

参考文献

［1］ 王全杰，韩红霞，李元希 . 办公大厦安装施工图 . 北京：化学工业出版社，2014.

［2］ 王全杰，宋芳，黄丽华 . 安装工程计算与计价实训教程 . 北京：化学工业出版社，2014.